电气自动化技能型人才实训系列

汇川触摸屏(HMI人机界面)

应用技能实训

肖明耀　　周保廷　　张天洪　　编著

中国电力出版社
CHINA ELECTRIC POWER PRESS

内 容 提 要

触摸屏应用是从事工业自动化、机电一体化的技术人员应掌握的实用技术之一。本书采用以工作任务驱动为导向的项目训练模式，分十三个项目，每个项目设有一个或多个训练任务。通过任务驱动技能训练，读者可快速掌握汇川 IT7000 系列触摸屏的基础知识及其应用方法与技巧，从而全面提高汇川 IT7000 系列触摸屏的综合应用能力。

本书贴近教学实际，可作为电气类、机电类高技能人才的培训教材，也可作为大专院校、高职院校、技工院校工业自动化、机电一体化、机械设计、制造及自动化等相关专业的教材，还可作为工程技术人员、技术工人的参考学习资料。

图书在版编目（CIP）数据

汇川触摸屏(HMI 人机界面)应用技能实训 / 肖明耀，周保廷，张天洪编著 . —北京：中国电力出版社，2021.12（2024.7 重印）

（电气自动化技能型人才实训系列）

ISBN 978-7-5198-5855-1

Ⅰ . ①汇… Ⅱ . ①肖…②周…③张… Ⅲ . ①触摸屏 Ⅳ . ① TP334.1

中国版本图书馆 CIP 数据核字（2021）第 150511 号

出版发行：中国电力出版社

地　　址：北京市东城区北京站西街 19 号（邮政编码 100005）

网　　址：http://www.cepp.sgcc.com.cn

责任编辑：杨　扬（y-y@sgcc.com.cn）

责任校对：黄　蓓　郝军燕

装帧设计：郝晓燕

责任印制：杨晓东

印　　刷：三河市百盛印装有限公司

版　　次：2021 年 12 月第一版

印　　次：2024 年 7 月北京第二次印刷

开　　本：787 毫米×1092 毫米　16 开本

印　　张：12

字　　数：327 千字

定　　价：48.00 元

前　言

　　《电气自动化技能型人才实训系列》为电气类高技能人才的培训教材，以培养学生实际综合动手能力为核心，采取以工作任务为载体的项目教学方式，淡化理论、强化应用方法和技能的培养。本书为《电气自动化技能型人才实训系列》之一。

　　触摸屏应用是从事工业自动化、机电一体化的技术人员应掌握的实用技术之一。汇川 IT7000 系列触摸屏，采用高性能处理器，数据处理、响应速度更快。该产品基于 Linux，采用安卓（Android）风格，为用户提供界面友好的交互式体验，支持自定义样式、VNC 远程桌面、矢量格式图标、脚本编程等功能，支持通过 USB 或者以太网连接个人计算机（PC），支持 Modbus 协议，能够实现自动高效的 PLC 通信；支持插入 U 盘对触摸屏固件、画面程序、配方数据等进行更新。该产品编程具备离线模拟及在线模拟的功能，方便触摸屏程序调试与系统调试。

　　本书采用以工作任务驱动为导向的项目训练模式，分为十三个项目。

　　全书分为认识汇川 IT7000 系列触摸屏、汇川触摸屏编程软件快速入门、触摸屏工程管理、触摸屏通信、使用变量、设计画面、使用控件、报警管理、应用配方、应用系统函数、创建报表、触摸屏设置、触摸屏综合应用共十三个项目，每个项目设有一个或多个训练任务。通过任务驱动技能训练，读者可快速掌握汇川 IT7000 系列触摸屏的基础知识及其应用方法与技巧，全面提高汇川 IT7000 系列触摸屏的综合应用能力。

　　在本书编辑过程中，深圳市汇川技术股份有限公司提供了 H5U-1614MTD PLC、IT7070E 触摸屏等硬件支持，汇川公司的工程技术人员提供了技术支持，并认真审阅了书稿，给出修改意见，在此表示衷心的感谢。

本书由肖明耀、周保廷、张天洪编写。

由于编写时间仓促，加上作者水平有限，书中难免存在疏漏和不妥之处，恳请广大读者批评指正。

作者

请扫码下载
本书配套数字资源

目　录

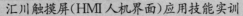

项目一　认识汇川 IT7000 系列触摸屏

学习目标

(1) 了解汇川 IT7070 触摸屏特点。

(2) 了解汇川触摸屏命名规则。

(3) 了解汇川触摸屏的基本参数。

(4) 学会使用汇川触摸屏的通信接口。

任务 1　认识汇川 IT7070 触摸屏

基础知识

一、汇川 IT7070 触摸屏

深圳汇川技术有限公司开发、生产的触摸屏 IT7000 系列人机界面（HMI）设备，采用高性能处理器，数据处理、响应速度快。该产品基于 Linux，采用安卓（Android）风格，为用户提供界面友好的交互式体验，支持自定义样式、远程桌面、矢量格式图标、脚本编程等功能；支持通过 USB 或者以太网连接个人计算机（PC）；支持 Modbus 协议，能够实现自动高效的可编程逻辑控制器（PLC）通信；支持插入 U 盘对 HMI 固件、画面程序、配方数据等进行更新。此外，该产品编程具备离线模拟及在线模拟的功能，方便 HMI 程序调试与系统调试。

二、外观与型号

1. 汇川触摸屏产品外观（见图 1-1）

2. 汇川触摸屏命名规则（见图 1-2）

图 1-1　汇川触摸屏产品外观

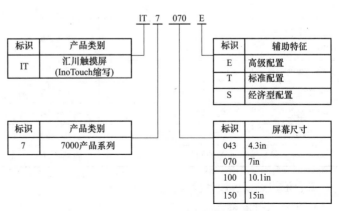

图 1-2　汇川触摸屏命名规则

标识	产品类别
IT	汇川触摸屏 (InoTouch缩写)

标识	产品类别
7	7000产品系列

标识	辅助特征
E	高级配置
T	标准配置
S	经济型配置

标识	屏幕尺寸
043	4.3in
070	7in
100	10.1in
150	15in

1

3. 汇川触摸屏基本参数（见表1-1）

表 1-1 汇川触摸屏基本参数

项目	产品型号		
	IT7070E	IT7070T	IT7070S
CPU	Cortex A8 600MHz	Cortex A8 600MHz	Cortex A8 600MHz
RTC	支持	支持	支持
DRAM	128MB DDR3	128MB DDR3	128MB DDR3
Flash	128MB	128MB	128MB
SD 卡接口	一个 Micro SD 接口（支持 Micro SD 卡，自弹式 SD 卡卡座）	无	无
串行端口	COM1（RS422/RS485）、COM2（RS232）、COM3（RS485）	COM1（RS422/RS485）、COM2（RS232）	COM1（RS422/RS485）
以太网接口	1 个 10M/100M 自适应 RJ45 以太网口 线缆 100m 以内，CAT5 及以上等级	无以太网接口	无以太网接口
Mini USB B 型接口	一个 USB B 型口	一个 USB B 型口	一个 USB B 型口
USB A 型口	一个 USB A 型口	一个 USB A 型口	一个 USB A 型口
输入电压	DC 24V（1±20%）	DC 24V（1±20%）	DC 24V（1±20%）
额定输入电流	250mA	250mA	250mA
面板防护等级	前面板 IP65，后盖 IP20	前面板 IP65，后盖 IP20	前面板 IP65，后盖 IP20
显示尺寸（in）	7	7	7
分辨率	800×480	800×480	800×480
亮度（cd/m²）	350	350	350
显示颜色	24 位真彩色	24 位真彩色	24 位真彩色
背光源	LED	LED	LED
背光灯寿命（h）	35000	35000	35000
开孔尺寸(mm×mm)	193×139	193×139	193×139
外壳颜色	银色	银色	黑色
工作温度（℃）	−10～55	−10～55	0～50
存储温度（℃）	−20～70	−20～70	−20～70
工作相对湿度	10%～90%（无冷凝）	10%～90%（无冷凝）	10%～90%（无冷凝）
冷却方式	自然冷却	自然冷却	自然冷却

三、汇川触摸屏设计参考

1. 电气设计参考

汇川触摸屏前后视图如图 1-3 所示。

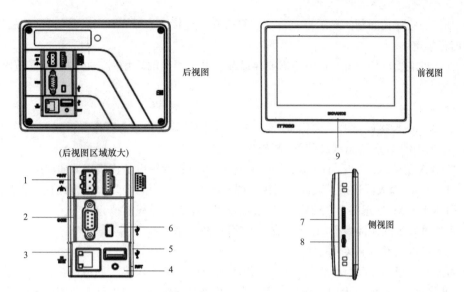

图 1-3 汇川触摸屏前后视图

1—电源接口；2—串口 DB9 公座；3—以太网接口；4—RESET 按钮；5—USB A 型口；
6—Mini USB 口；7—固件升级端口；8—Micro SD 卡接口；9—电源指示灯

2. 各端口的接线说明

（1）电源端口连接。汇川触摸屏采用 24V 直流电源供电，将外部电源正极接到 "＋24V" 端子，电源负极接到 "0V" 端子；标号 ⏚ 的端子为接地端，用于本产品的接地线连接。

1）电源要求：本产品只能使用直流电源供电［范围 24V（1±20%）］，电源可提供的容量不小于该机型规格要求。

2）直流电源必须与交流主电源正确地隔离开；请勿让本产品和感性负载电路（如电磁阀）共用电源，避免电磁干扰。

3）24V 供电电源线和通信电缆，应避免和交流电源线缆或者是电机驱动线等强干扰线缆并行走在一起，至少保持 30cm 距离。

4）接地线的导体推荐使用一条独立的 ♯14AWG 规格导线，直接连接到系统接地点，不要经过其他电气设备的外壳或接线端后接地，这可以保证接地导体不会承受其他支路的电流；要保证接地的导体长度尽量短。

（2）通信端口连接。汇川触摸屏提供 1 个 DB9 通信端口（DB9 公座），内部提供了 1～3 个独立的串行通信端口，可用来连接 PLC、变频器、打印机或其他智能设备等。本产品内置多种通信协议，常作为通信主站来访问外部设备的数据。

串口通信端子结构及丝印如图 1-4 所示。

通信连接注意事项如下：

1）电缆要求：与不同的外部设备连接需要不同的通信电缆，不要将通信电缆与交流电源的电缆布在一起或者将通信电缆布在靠近电气噪声源的位置。不要在通信过程中拔插通信电缆。

2）为避免发生通信的问题，请在连接 RS485/422 的设备时注意通信电缆长度不要超过 150m，在连接 RS232 设备时注意通信电缆的长度不要超过 15m。

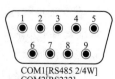

COM1[RS485 2/4W]
COM2[RS232]
COM3[RS485]

图 1-4 串口通信端子结构及丝印

项目一

3）如果通信存在问题，显示屏上有"连接失败：连接_1，站1。err：10001"的故障提示，直到通信正常建立。

4）在通信电缆较长或者通信电缆需要穿过存在电气噪声的环境时，必须采用屏蔽电缆来制作通信电缆。

（3）USB接口。

1）USB mini型接口：用于与PC连接，进行上载/下载用户组态程序和设置HMI系统参数，可通过一条通用的USB通信线缆和PC机连接。

2）USB A型接口：用于与U盘、USB鼠标及USB键盘等设备连接，即插即用。

（4）Ethernet以太网连接。该以太网接口位于产品背面，为10M/100M自适应以太网端口。

1）可用于HMI组态的上/下载、系统参数设置、组态的在线模拟。

2）可通过以太网连接多个HMI构成多HMI联机通信。

3）可通过以太网与PLC等通信。

4）可通过一根标准以太网线与HUB或以太网交换机相连，接入局域网，也可通过一根双机互联网线直接与PC的以太网口连接。注：为确保通信稳定性，以太网需使用屏蔽线缆。

3．汇川触摸屏编程准备

对汇川触摸屏进行编程设计前，用户需要准备：

（1）一台电脑。

（2）一台InoTouch 7000系列触摸屏。

（3）一根编程线缆。

（4）电脑上必须安装有汇川控制技术有限公司开发的InoTouchPad软件，InoTouchPad编程软件由汇川技术公司自主开发，如需最新版本，请向您的触摸屏供应商索取，或在汇川技术公司网站（http：//www.inovance.com）及中国工控网汇川相关主题上下载。

 技能训练

一、训练目标

（1）了解汇川IT7070触摸屏特点。

（2）了解汇川触摸屏命名规则。

（3）了解汇川触摸屏的基本参数。

（4）学会使用汇川触摸屏的通信接口。

二、训练内容及操作步骤

1．查看汇川触摸屏操作手册

从汇川技术公司官网下载汇川触摸屏"IT7070人机界面用户手册"，查看汇川触摸屏的基本介绍。

2．查看汇川触摸屏的外观

仔细查看汇川触摸屏前面板、后面板，查看汇川触摸屏的铭牌标记内容。

3．查看汇川触摸屏的通信接口

（1）查看电源接口。

（2）查看DB9通信端口。

（3）查看USB通信接口。

（4）查看以太网通信接口。

任务 2 初识触摸屏用户工程

一、触摸屏用户工程

1. 用户工程的内容

IT7000 上电启动后，系统会自动执行已下载到其内存中的用户工程，用户工程决定了显示内容、可以查阅和设定所连接 PLC 从站的运行参数、按钮操作反应等。

在利用组态软件 InotouchPad 中编写用户工程，就是以显示页面为单元，进行显示元素的组织和编辑；对 HMI 系统运行的配置项，在组态软件中以表格的形式进行设置。编写用户工程的内容如图 1-5 所示。

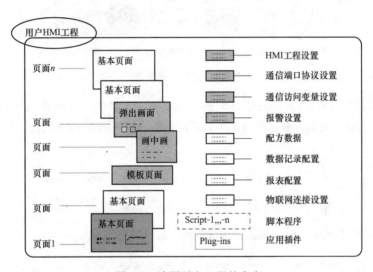

图 1-5 编写用户工程的内容

图 1-5 中的"页面"就是需要 IT7000 触摸屏的显示画面，一般需要显示的内容比较多，分为多个页面来显示，组态时也用多个页面进行编辑。基本配置项是每个项目都需要的，有些则按应用系统的需要才进行配置。

2. 触摸屏页面组成

（1）页面类型。页面的类型分为四种，主要为基本页面类型，其余还有弹出画面、画中画、模板页面，其页面功能特性说明见表 1-2。

表 1-2 页面功能特性说明

类型	特点	用途
基本页面	默认的页面类型，满屏幕显示，在该页面中可以添加任何类型的控件	常用基础页面
弹出画面	显示窗可非满屏尺寸；可在任何页面上层进行显示；设为模态（独占）模式时，只能操作本画面控件；设为非模态时，可以操作本画面以外的控件	显示需要操作者确认的窗口
模板页面	可以作为多个页面共用的背景画；可以作为多个页面共用的菜单控件	显示多个页面共用的控件
画中画	用于弹出显示图文，如用户手册等	显示操作指导、帮助

在每个页面中显示内容，则是由各种"控件"组成，编程时从工具箱中添加、固定到页面中，过程控制页面如图 1-6 所示，就是由不同控件组成的。

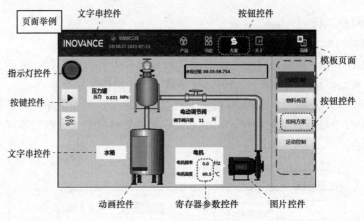

图 1-6　过程控制页面

（2）页面组态的控件。InoTouchPad 软件的工具盒中，提供了许多常见的控件、增强的控件、图库等，直接拖入页面编辑区就可以了，软件提供的控件如图 1-7 所示。

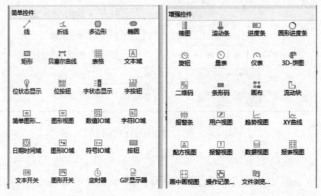

图 1-7　软件提供的控件

编程者也可以导入符合自己要求的图库，用于形成特有的控件。IT7000 的控件除了具有动感的外观以外，其功能表现灵活，可以同时引发多种响应操作或逻辑运算。按钮控件功能如图 1-8 所示。

图 1-8　按钮控件功能

二、触摸屏工程设计

1. 触摸屏工程画面配置

（1）基本配置。每个触摸屏工程至少需要一个或多个基本画面，在基本画面中可以设置初始显示画面，用于工程的登录、引导。

再配置若干个功能画面，以实现各种功能控制。

1）主画面设计。一般情况，可使用欢迎画面或被控系统的主控制系统画面作为主画面，该画面可进入到各分画面。各分画面均能一步返回主画面。若是将被控主系统画面作为主画面，则应在画面中显示被控系统的一些主要参数，以便对整个被控制的系统有初步了解。

2）控制画面的设计。控制画面主要用来控制被控设备的启停及显示 PLC 控制的参数，也可将 PLC 参数的设定制作在其中。控制画面的数量在触摸屏画面中占的最多，具体画面数量由实际被控设备的复杂程度所决定。

3）参数设置画面的设计。参数设置画面主要是对 PLC 控制系统的参数进行设定，同时还应显示参数设定完成的情况。实际制作时还应考虑设置的权限，限制一般操作人员随意改动参数，以免对生产造成不必要的影响。

（2）其他配置。

1）导航条。为了便于实现各种控制和工程美化，可以配置导航条，便于用户操作。导航条上可以设置公司标识、系统运行时间、导航控制按钮、导航切换按钮、案例指导、语言切换等。导航条一般设计成模板画面，可以被其他画面引用，出现在所有基本画面的顶部。

2）模板画面。模板画面是某一类操控共用的基础画面，可以被各种基本画面应用。例如产品介绍模板画面，可以被产品介绍、产品特点、产品家族等基本画面应用。模板画面顶部留给导航条，左边或右边侧面，设置若干切换按钮，便于在各种控制页面间切换。

3）弹出画面。使用弹出画面，可以使工程变得简洁，需要输入参数或查看系统状态时，通过按钮或其他控制，触发弹出画面显示，然后输入控制参数或了解系统动态。

4）信息记录画面。信息记录画面主要是记录可能出现的设备损坏、过载、数值超范围和系统急停等故障信息。另外该画面还可记录各设备启停操作，作为凭证。

5）实时趋势画面。实时趋势画面主要是以曲线记录的形式来显示被控值、PLC 模拟量的主要工作参数（如输出变频器频率、温度趋线值）等的实时状态。

2. 其他资源应用

（1）脚本程序。InoTouchPad 软件无需编程技巧，直接提供了预定义的系统函数，以用于常规的组态任务。用户可以用它们在运行系统中完成许多相对复杂的任务。

用户可以用运行脚本来解决更复杂的问题。运行脚本具有编程接口，可以访问运行系统中的部分项目数据。运行脚本的使用是针对具有 JavaScrip 知识的项目设计者，提供更灵活的设计支持。

（2）记录数据。InoTouchPad 提供历史数据记录和报警数据记录功能，用户使用它们，可以记录控制系统的运行数据，实时提供报警功能并记录报警数据。

（3）报表设定。在实际工程应用中，大多数监控系统需要对数据采集、设备采集的数据进行存盘、统计分析，并根据实际情况打印出数据报表。所谓数据报表就是根据实际需要以一定格式将统计分析后的数据记录显示并打印出来，以便对系统监控对象的状态进行综合记录和规律总结。

数据报表在工控系统中是必不可少的一部分，是整个工控系统的最终结果输出。实际中常用的报表形式有实时数据报表和历史数据报表（班报表、日报表、月报表）等，可为用户提供以下功能：

1）显示静态数据、实时数据，以及历史数据库中的记录数据和统计结果。

2）方便、快捷地完成各种报表的显示。

3）实现数据库查询功能和数据统计功能，可以很轻松地完成各种查询和统计任务。

4）实现数据修改功能，并可将表格内容写入指定变量中，使报表的制作更加完美。

5）显示多页报表。

（4）多语言设定。InoTouchPad软件提供了多语言设定功能，便于触摸屏工程的国际化应用。通常可以设置工程在英文和中文之间切换，便于不同国籍的用户使用汇川IT7000系列触摸屏。

 技能训练

一、训练目标

（1）了解汇川IT7070触摸屏工程设计的内容。

（2）查看汇川触摸屏DEMO样例工程。

二、训练内容及操作步骤

（1）启动InoTouchPad编程软件。

（2）查看汇川触摸屏DEMO样例工程。

1）单击执行"打开工程"按钮，弹出打开工程对话框。

2）选择打开汇川触摸屏DEMO样例工程所在的文件夹"IT7DEMO"，选择样例工程"IT7DEMO. hmiproj"，单击"打开"按钮，打开样例工程。

3）单击执行编译菜单下的"启动离线模拟器"菜单命令，启动触摸屏工程仿真。

4）单击导航条上的"产品"按钮，切换到产品介绍画面，如图1-9所示。

图1-9　产品介绍画面

5）单击产品介绍画面上的"产品特点"按钮，查看汇川触摸屏的产品特点，如图1-10所示。

图 1-10 产品特点画面

6) 单击产品介绍画面上的"产品家族"按钮,查看汇川触摸屏的产品家族系列。

7) 单击导航条上的"功能"按钮,切换到功能展示画面,如图 1-11 所示。

图 1-11 功能展示画面

8) 单击功能展示画面上的"脚本绘图"按钮,切换到脚本绘图展示界面,查看"实时时钟"脚本绘图过程,观看"心形线"脚本绘图过程,脚本绘图如图 1-12 所示。

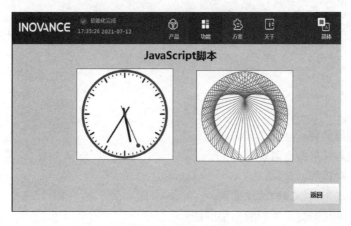

图 1-12 脚本绘图

9）单击导航条上的"方案"按钮，切换到方案画面，如图1-13所示。

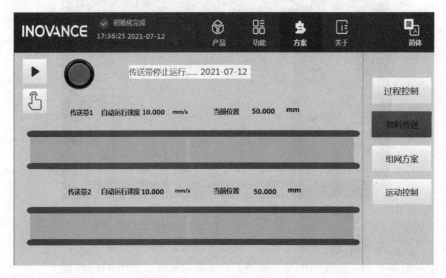

图1-13　方案画面

10）单击执行导航条上的"语言"菜单下的"En"菜单命令，切换到英文显示画面，如图1-14所示。

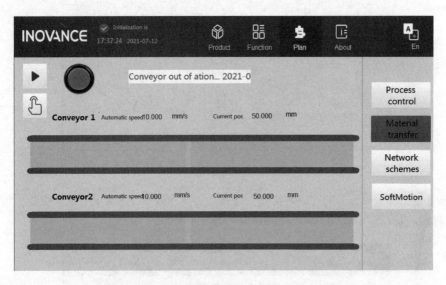

图1-14　英文显示画面

 习题1

（1）汇川触摸屏的特点是什么？

（2）简述汇川触摸屏的命名规则。

（3）简述汇川触摸屏的接口。

（4）如何做好汇川触摸屏的编程准备？

（5）如何进行汇川触摸屏工程的初步设计？

项目二 汇川触摸屏编程软件快速入门

 学习目标

(1) 了解触摸屏编程软件的基本操作。

(2) 学会触摸屏工程组态。

(3) 学会调试触摸屏组态工程。

任务3 InoTouchPad软件快速入门

一、InoTouchPad编程软件

1. InoTouchPad软件简介

InoTouchPad是面向汇川技术InoTouch系列触摸屏的组态软件，采用集成化的开发环境，具有丰富强大的开发功能。该软件适用于汇川IT7000系列HMI人机界面产品，也适用于独立运行于PC上作为小型SCADA数据采集与监视控制系统软件，可对HMI人机界面工程进行组态、编译、调试、上/下载操作，用户界面友好。

2. InoTouchPad与HMI人机界面连接

通过USB/以太网电缆将安装有InoTouchPad软件的PC与IT7000系列触摸屏连接，在Ino-TouchPad中编写好工程后，便可下载到IT7000系列触摸屏运行调试。

3. 安装InoTouchPad

(1) InoTouchPad软件来源。InoTouchPad编程软件由汇川技术公司自主开发，如需最新版本，请向用户的HMI供应商获取，或在汇川技术公司网站（http：//www.inovance.com）及中国工控网汇川主题上下载。

(2) 计算机配置要求。

1) CPU：主频2G以上的Intel或AMD产品。

2) 内存：1GB或以上。

3) 硬盘：最少有1GB以上的空闲磁盘空间。

4) 显示器：支持分辨率1024×768以上的彩色显示器。

5) 通信端口：Ethernet端口或USB口。

(3) 安装InoTouchPad。

1) 双击"InoTouchPadsetup.exe"可执行文件，将会弹出选择安装语言对话框。

2) 选择"简体中文"后，单击"OK"按钮，弹出"欢迎使用InoTouchPadV0.8.8.10-R安装"向导对话框，安装向导如图2-1所示。

3) 单击"下一步"，InoTouchPad软件安装采用默认路径，用户可根据需要进行更改。单击"安装"即可开始安装。

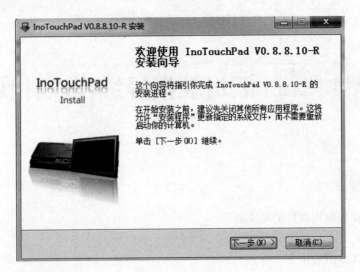

图 2-1　安装向导

4）安装过程中，会自动安装 USB 驱动程序。

5）安装过程大约 1min，随后将弹出如下窗口：若想安装完成后立即运行 InoTouchPad 软件，请勾选"运行 InoTouchPad V0.8.8.10-R"，然后单击"完成"按钮完成安装并打开该软件；若不勾选，则完成安装并退出。

4. InoTouchPad 界面

InoTouchPad 界面包括以下几部分：顶部菜单栏、顶部工具栏、左侧项目树、左侧对象框、详细视图、画面编辑区、右侧工具栏、属性视图和输出视图。InoTouchPad 界面如图 2-2 所示。

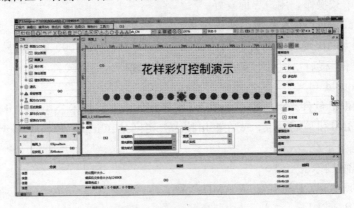

图 2-2　InoTouchPad 界面

（1）顶部菜单栏。顶部菜单提供工程、编辑、编译、格式、视图、选项、帮助、工具等 8 大类菜单。

（2）顶部工具栏。顶部工具栏框架提供工程、编辑、编译等 3 大类工具栏和一些功能模块工具栏。

（3）画面编辑区。提供功能编辑页面，最多能打开 20 个编辑页面。

（4）左侧项目树。项目功能组织树，简称项目树，包括画面、通信、报警管理、配方、脚本、历史数据等。

（5）左侧对象框。在画面组态时，单击项目树画面/变量组/配方/文本列表/图形列表项，可以拖拽对象框中的对象到画面中生成对应控件。

（6）详细视图。选中左侧项目树中的画面对象节点，组态的控件对象会罗列在该视图中（画面中若有成组对象，可在详细视图中，选中成组对象中的任意一个控件后，可在属性栏中单独编辑该控件的属性），如果选中变量组节点，则该组所有变量会罗列在该视图中，可直接在该视图中将变量拖拽到画面中。

（7）右侧工具栏。对于画面编辑，显示各种控件列表。对于脚本编辑，显示函数和代码模板向导。

（8）输出视图。包括编译输出显示、功能模块操作提示、状态提示等。

二、触摸屏工程组态

触摸屏工程组态流程如图 2-3 所示。

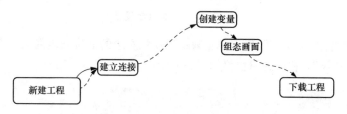

图 2-3　触摸屏工程组态流程

触摸屏工程组态包括新建工程、建立连接、创建变量、组态画面、下载工程等操作。

1. 新建工程

（1）双击桌面的 InoTouchPad 软件图标，打开软件；

（2）单击执行"工程"菜单下的"新建"子菜单命令，弹出图 2-4 的新建工程对话框；

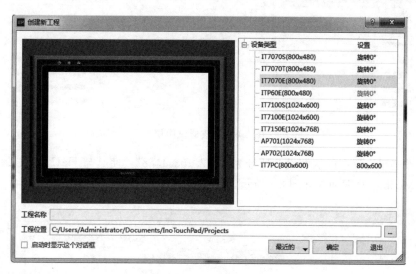

图 2-4　新建工程对话框

（3）在新建工程对话框，根据需要选择使用的触摸屏设备类型（我们选择 IT7070E），然后输入"工程名称"，名为"指示灯 1"，并选择工程的保存位置，单击确定即可创建好新工程。

2. 建立连接

"连接"是指上位机软件与目标设备间采用的通信方式，创建连接步骤如下：

（1）双击项目窗口"通讯"文件夹中的"连接"图标，或者鼠标右键单击"连接"，在右键快捷菜单中选择执行"打开编辑器"菜单命令。

（2）组态连接，单击连接表上方的"+"添加连接按钮，可以添加一个新的"连接"，添加新连接如图 2-5 所示。

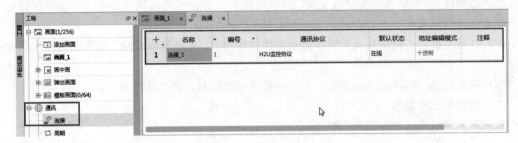

图 2-5　添加新连接

（3）修改连接名称为"M_TCP"，单击通信协议栏右边的下拉列表箭头，选择"莫迪康"下的"Modbus TCP 协议"，修改通讯协议如图 2-6 所示。

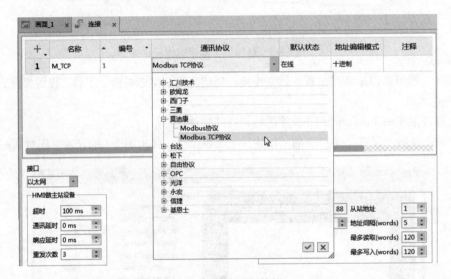

图 2-6　修改通讯协议

（4）修改通讯协议中的从站设备地址为"192.168.1.88"，使其与 H5U 的 PLC 的网络地址保持一致，Modbus TCP 协议如图 2-7 所示。

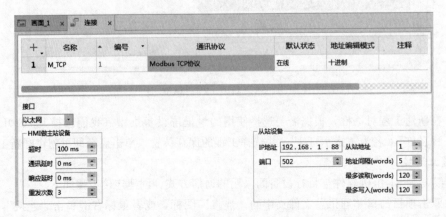

图 2-7　Modbus TCP 协议

3. 创建变量

HMI 工程中创建的外部变量可以传送给 PLC，方便两者进行数据交换。在变量模块中，具体创建的变量可分为内部变量、系统变量和外部变量，创建变量的步骤如下：

（1）找到工程视图左侧目录树"通讯"节点中的"变量"节点，如图 2-8 所示。

（2）打开变量的子选项，系统默认已建立"变量组_2"，用户也可根据自身建立的工程需要添加变量组；双击变量组，如图 2-9 所示，打开变量编辑器。

图 2-8 变量节点　　　　图 2-9 双击变量组

（3）在变量编辑器的工作区，单击" + "按钮新建一个变量，指示灯 1 工程创建变量，如图 2-10 所示。

图 2-10 指示灯 1 工程创建变量

变量的 Modbus 地址：

PLC 位变量 M0～M7999（8000 点）的地址是 0x0～0x1F3F（0～7999）；X0～X1777（8 进制）的地址是 0xF800～0xFBFF（63488～64511），共 1024 点；Y0～Y1777（8 进制）的地址是 0xFC00～0xFFFF（64512～65535），共 1024 点；S0～S4095（4096 点）的地址是 0xE000～0xEFFF；D0～D7999（8000 点）的地址是 0x0～0x1F3F（0～7999）。

（4）在变量表下面的属性视图中，可根据实际应用设置变量的其他属性。

4. 组态画面

画面是 HMI 工程的主要元素，是 HMI 与用户进行交互的前端显示。

创建画面控件，具体操作步骤如下：

（1）打开工程进入默认画面（画面_1），或者从工程视图的树节点"画面"中，打开子选项

"画面_1"。

（2）在画面右侧工具栏选择"简单控件"→"椭圆控件"，将控件拖放或绘制到画面上后，对外观基本属性进行设置，外观基本属性如图2-11所示，设置外观边框颜色、填充颜色、填充样式、边框宽度、边框样式等。

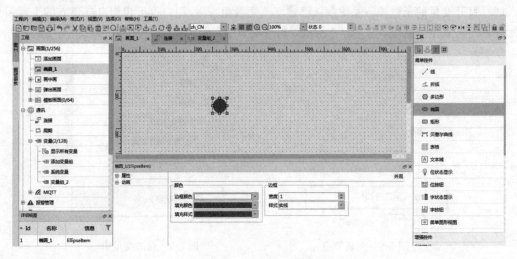

图2-11 外观基本属性

（3）单击设置"动画"→"外观变化"，并勾选"启用"项。外观变化属性设置如图2-12所示，该控件采用初始创建的变量M0，类型设置为"位"，并在表格单击"＋"按钮添加两个位号，位号为0的表格栏对应背景色为＃＃ff0000，位号为1的表格栏对应的背景色＃＃00ff00（二者对应指示灯的不同状态，便于区分。用户可根据实际需求进行设置）。

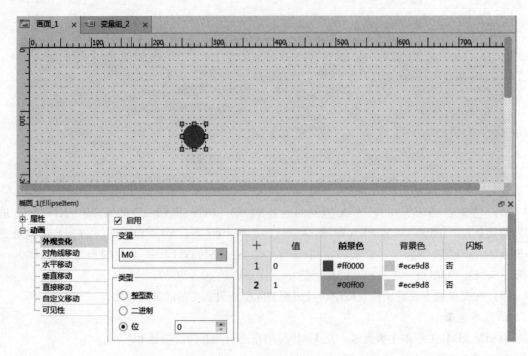

图2-12 外观变化属性设置

（4）复制对象 M0，再粘贴，出现新的椭圆控件对象。

（5）移动新的椭圆控件至对象 M0 的右边适当位置，修改其外观变化属性，外观变化关联的变量采用初始创建的变量 Y20。

（6）在画面右侧工具栏选择"简单控件"→"按钮控件"，将按钮控件拖放或绘制到画面上后，对按钮常规基本属性进行设置，按钮常规基本属性设置如图 2-13 所示。读变量是与按钮关联的变量，这个按钮对应的是 M1，写变量设置按钮动作时，写入的变量，这里设置与读变量相同，写入变量模式设置的是按钮动作时的写入模式，分别有置位、复位、取反、按下 ON、按下 OFF 等。这里设置为按下 ON，即按钮按下时，M1 为 ON。

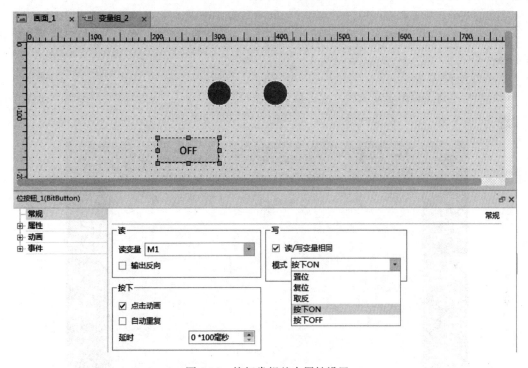

图 2-13　按钮常规基本属性设置

（7）单击位按钮设置区的属性，属性有状态、外观、布局、样式、其他等可以设置，单击状态，设置按钮状态属性，将 0 状态的文本显示设置为"START"启动。按钮状态属性设置如图 2-14 所示。

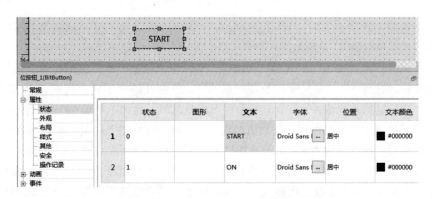

图 2-14　按钮状态属性设置

（8）复制按钮对象 M1，再粘贴，出现新的按钮控件对象，修改常规属性，读变量设置为 M2。

（9）单击位按钮设置区的属性，单击状态，设置按钮状态属性，将 0 状态的文本显示设置为
"STOP"停止。

5.下载工程

（1）创建完工程后，单击执行"编译"菜单下的"编译"命令，或单击工具栏上的▦编译
命令按钮，完成编译，编译结果在信息输出栏显示，检查工程设计是否有错。

（2）然后单击执行"编译"菜单下的"下载工程"子菜单命令，或单击工具栏↓下载命令
按钮，或按快捷键 F7 可将工程下载到触摸屏上运行。

下载方式：工程下载有两种方式，通过以太网和 USB 下载。

下载时，若用户已设置了下载密码，请在下载界面的密码输入框中输入正确密码，随后可执
行下载。

6.工程仿真

（1）当指示灯工程组态完成后，单击执行"编译"菜单下的"启动离线模拟器"子菜单命
令，编译工程，并启动离线仿真模拟器，离线仿真模拟器如图 2-15 所示。

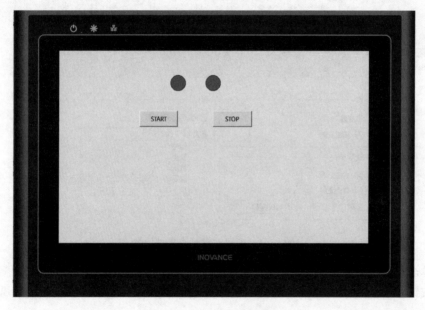

图 2-15　离线仿真模拟器

（2）单击电脑底部状态条的"HMISimulator"触摸屏仿真器，打开触摸屏仿真器对话框，
触摸屏仿真器对话框如图 2-16 所示。

（3）在触摸屏仿真器对话框中改变"当前值"和"设置数值"来观察画面中对象的动态变化
效果。在变量栏，选择 M0，在其设置数值栏输入 1，单击开始栏下的复选框，画面中对象 M0
显示为绿色。在设置数值栏输入 0，单击开始栏下的复选框，画面中对象 M0 显示为红色。

（4）在变量栏选择 Y20，在其设置数值栏输入 1，单击开始栏下的复选框，画面中对象 Y20
显示为绿色。在设置数值栏输入 0，单击开始栏下的复选框，画面中对象 Y20 显示为红色。

（5）在变量栏选择 M1，在其设置数值栏输入 1，单击开始栏下的复选框，画面中对象 M1
按钮显示字符为 ON。在设置数值栏输入 0，单击开始栏下的复选框，画面中对象 M1 显示字符
为 START。

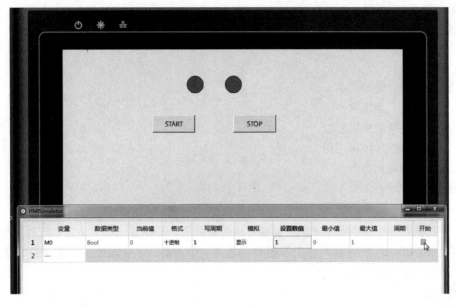

图 2-16　触摸屏仿真器对话框

（6）在变量栏选择 M2，在其设置数值栏输入 1，单击开始栏下的复选框，画面中对象 M2 显示字符为 ON。在设置数值栏输入 0，单击开始栏下的复选框，画面中对象 M2 显示字符为 STOP。

（7）如果在画面组态时，按钮 1 关联的变量为 M0，写入模式设置为"置位"，按钮 2 关联的变量为 M0，写入模式设置为"复位"，仿真时，按下按钮 1，M0 椭圆对象显示为绿色，按下按钮 2，M0 椭圆对象显示为红色。

7. 运行测试

（1）在 PLC 中输入启停 M0 和 Y20 程序的触摸屏 PLC 测试程序，触摸屏 PLC 测试程序如图 2-17 所示。

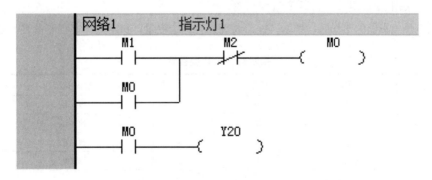

图 2-17　触摸屏 PLC 测试程序

（2）将触摸屏 PLC 测试程序下载到 PLC。

（3）关断电源，通过以太网缆线连接触摸屏和 PLC，触摸屏 USB 接口连接电脑 USB。

（4）接通电源，将触摸屏指示灯 1 工程下载到触摸屏 IT7070E。

（5）触摸按钮 1，触摸屏 M0 对象和 Y20 对象显示绿色。

（6）触摸按钮 2，触摸屏 M0 对象和 Y20 对象显示红色。

项目二

 技能训练

一、训练目标

(1) 能正确设计触摸屏新工程。

(2) 能正确进行触摸屏画面组态。

(3) 能正确下载触摸屏工程。

(4) 会正确调试触摸屏工程。

二、训练步骤与内容

1. 创建新工程

(1) 启动 InoTouchPad 软件。

(2) 单击执行"工程"菜单下的"新建"子菜单命令，在新建工程对话框，选择使用的触摸屏设备类型 IT7070E，然后输入"工程名称"名为"指示灯1"并选择工程的保存位置，单击"确定"按钮，创建新工程。

2. 建立连接

(1) 双击项目窗口"通讯"文件夹中的"连接"图标，打开连接编辑器。

(2) 单击连接编辑器连接表上方的"+"添加连接按钮，可以添加一个新的"连接"，添加新连接。

(3) 修改连接名称为"M_TCP"，单击通讯协议栏右边的下拉列表箭头，选择"莫迪康"下的"Modbus TCP协议"。

(4) 修改通讯协议中的从站设备地址为"192.168.1.88"，使其与H5U的PLC的网络地址保持一致。

3. 创建变量

(1) 打开工程视图左侧目录树"通讯"节点中的"变量"节点。

(2) 打开变量的子选项，系统默认已建立"变量组_2"，用户也可根据自身建立的工程需要添加变量组；双击变量组_2，打开变量编辑器。

(3) 在变量编辑器的工作区，单击"+"按钮新建一个变量，指示灯1工程变量表，见表2-1。

表2-1　　　　　　　　　　　　　　　指示灯1工程变量表

序号	名称	编号	连接	数据类型	地址
1	M1	1	M_TCP	BOOL	0×1
2	M2	2	M_TCP	BOOL	0×2
3	M10	3	M_TCP	BOOL	0×10
4	Y20	4	M_TCP	BOOL	0×64528

4. 组态画面

(1) 打开工程进入默认画面（画面1），或者从工程视图的树节点"画面"中，打开子选项"画面_1"。

(2) 在画面右侧工具栏选择"简单控件"→"椭圆控件"，将控件拖放或绘制到画面上后，对外观基本属性进行设置，外观变化关联M10，变量类型选择"位"，0值为红色，1值为绿色。

(3) 再添加一个椭圆控件，关联变量Y20。

(4) 在画面添加2个按钮，分别设置START和STOP，按下勾选"点击动画"；读变量，

START 关联 M1，STOP 关联 M2；写模式设置为"按下 ON"。

（5）在画面上添加一个文本域控件，设置文本显示"指示灯演示"，文本颜色选择"蓝色"，文本字体选择"宋体，28"。

5. 下载调试工程

（1）单击执行"编译"菜单下的"编译"命令，或单击工具栏上的"📑"编译命令按钮，完成编译，编译结果在信息输出栏显示，检查工程设计是否有错。

（2）当指示灯工程组态完成后，单击执行"编译"菜单下的"启动离线模拟器"子菜单命令，编译工程，并启动离线仿真模拟器。

（3）单击电脑底部状态条的"HMISimulator"触摸屏仿真器，打开触摸屏 PLC 仿真器对话框。

（4）将 M1 设置数值设为"0""1"，并最右列单击开始复选框，观察触摸屏模拟仿真器画面的变化。

（5）将 M2 设置数值设为"0""1"，并最右列单击开始复选框，观察触摸屏模拟仿真器画面的变化。

（6）将 M10 设置数值设为"0""1"，并最右列单击开始复选框，观察触摸屏模拟仿真器画面的变化。

6. 运行测试

（1）在 PLC 中输入启停 M10 和 Y20 程序的触摸屏 PLC 测试程序。

（2）将触摸屏 PLC 测试程序下载到 PLC。

（3）关断电源，通过以太网缆线连接触摸屏和 PLC，触摸屏 USB 接口连接电脑 USB。

（4）接通电源，将触摸屏指示灯 1 工程下载到触摸屏 IT7070E。

（5）触摸按钮 1，触摸屏 M10 对象和 Y20 对象显示绿色。

（6）触摸按钮 2，触摸屏 M10 对象和 Y20 对象显示红色。

 习题 2

（1）如何建立触摸屏工程的新连接？

（2）如何组态触摸屏画面？

（3）如何设置元件对象的属性？

（4）如何仿真调试触摸屏新工程？

（5）在触摸屏与 PLC 的 Modbus 通信中，PLC 软元件的地址在触摸屏中应如何确定？

项目三　触摸屏工程管理

 学习目标

（1）了解触摸屏工程组态过程。

（2）学会编译触摸屏工程。

（3）学会仿真调试触摸屏工程。

任务 4　触摸屏工程管理

一、基础知识

1. 工程组态

（1）新建工程。

1）单击执行"工程"菜单下的"新建"子菜单命令，弹出新建工程对话框。

2）在新建工程对话框，根据需要选择使用的触摸屏设备类型（如 IT7070E），然后输入"工程名称"，并选择工程的保存位置，单击确定即可创建新工程。

（2）创建连接。

1）双击项目窗口"通讯"文件夹中的"连接"图标，或者鼠标右键单击"连接"在右键快捷菜单中选择执行"打开编辑器"菜单命令。

2）组态连接，单击连接表上方的" + "添加连接按钮，可以添加一个新的"连接"，添加新连接。

（3）创建变量。

1）单击工程视图左侧目录树"通讯"节点中的"变量"节点。

2）打开变量的子选项，系统默认已建立"变量组_2"，用户也可根据自身建立的工程需要添加变量组；双击变量组，打开变量编辑器，在变量编辑器可以创建新变量。

（4）画面组态。画面是 HMI 工程的主要元素，是 HMI 与用户进行交互的前端显示。

"画面"作为组态的最基本元素，用于呈现组态的内容。通过创建页面，操作人员可以很方便地控制和监视机器设备的过程和数据。画面包含普通画面、弹出画面和模板画面。

画面组态包括创建新画面、添加画面新元件、组态元件特性等。

2. 工程编译

当用户工程设计完后，需要对工程进行编译，编译通过，才可运行该工程。

选择执行"编译"主菜单栏下的"编译"子菜单命令，或者在工具栏中单击 ▦ 编译按钮或使用快捷键 F5 对组态的工程进行编译，编译完成后，会在输出视图中显示编译结果，工程编译结果如图 3-1 所示。

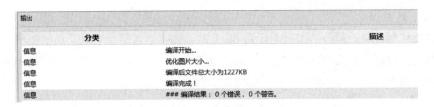

图 3-1　工程编译结果

3. 工程下载

在用户工程设计完成后，需要将工程在触摸屏上运行，此时就需要通过后台下载功能来实现。

选择执行"编译"主菜单下的"下载工程"子菜单命令，或在工具栏单击 ⬇ 下载按钮或者使用快捷键 F7，弹出下载对话框，如图 3-2 所示。

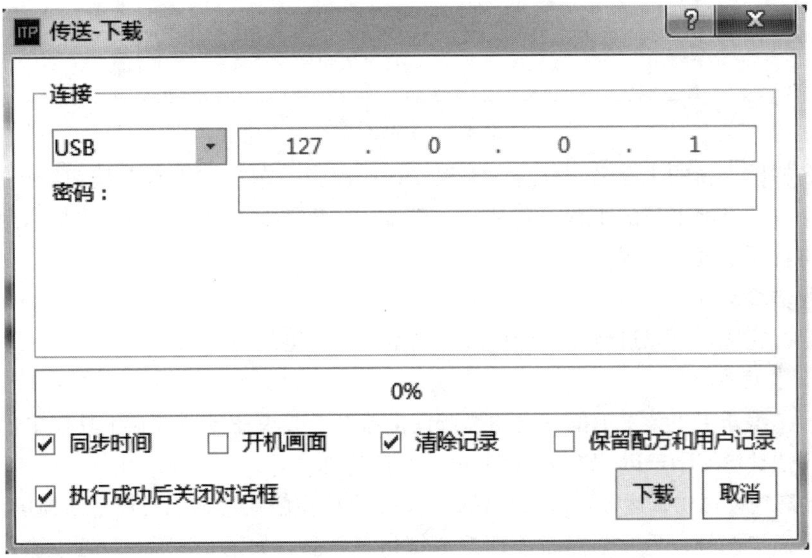

图 3-2　下载对话框

这时，可以根据当前触摸屏与 PC 的连接方式进行选择，如果是 USB 线连接，则需要在连接处选择 USB，如果是以太网连接，则需要选择以太网连接，并且正确输入所连接的触摸屏的 IP 地址。

下载时，触摸屏默认下载密码为空，即下载无需输入密码即可下载。若在触摸屏的人机界面自动运行（HMLAutorun）中设置了下载密码，下载工程时，需要输入相匹配的密码，才能成功将工程下载到触摸屏上。

此外，在下载工程弹出框中，还可设置同步时间等。勾选"同步时间"，会将当前 PC 系统时间同步到触摸屏；勾选"开机画面"，触摸屏启动时将会使用用户自定义的开机画面；勾选"清除记录"，将会清除数据记录、报警记录和操作记录。

最后，当所有选项设置完成，单击下载按钮，即可将工程下载到触摸屏上，下载的进度条走完，下载成功，若下载出现异常，则会弹出相应的提示。

下载到触摸屏内存的用户工程，总大小不能超过 30M，否则用户工程不能正常编译通过，无法进行下载。

4. 工程上载

用户需要将触摸屏上运行的工程上传到 PC 上时，需要通过后台上载功能来实现。

选择执行"编译"主菜单下的"上载工程"子菜单命令，或在工具栏单击↑上载工程按钮或者使用快捷键 F10，弹出上载对话框，如图 3-3 所示。

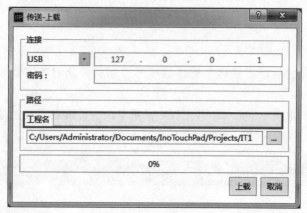

图 3-3　上载对话框

在工程名栏输入新的工程名，并选定工程保存的路径，单击"上载"按钮，当进度条走完，上载成功后会打开当前上载的工程。若是在上载前已打开其他工程，系统会先提示用户是否保存当前工程，再打开上载的工程。

二、工程仿真运行

当工程组态完毕，可以进行在线或离线仿真运行，预览运行效果。

1. 离线仿真运行

选择执行"编译"主菜单下的"启动离线模拟器"子菜单命令，或在工具栏单击▶离线仿真按钮，或使用快捷键 Ctrl＋R，启动工程的离线模拟仿真。

新工程的离线模拟仿真运行，有两个界面：一个是模拟触摸屏显示，模拟触摸屏显示如图 3-4 所示，显示画面组态等；另一个界面是 PLC 模拟仿真界面，如图 3-5 所示，可以输入工程使用的 PLC 变量等。

图 3-4　模拟触摸屏显示

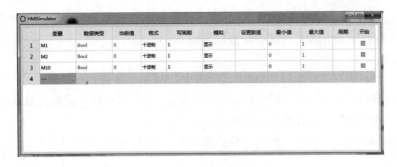

图 3-5　PLC 模拟仿真界面

在 PLC 模拟界面输入已组态寄存器地址的任意值，进行离线仿真调试，观察触摸屏模拟显示界面的变化，模拟仿真触摸屏的运行。

2．在线仿真运行

在线模拟可以使用 PC 仿真为一台触摸屏，直接与真实的 PLC 设备连接，方便画面的调试工作，而不需要每次调试时，将画面程序下载到触摸屏。

进行在线模拟前，先执行以下操作，确保硬件连接和参数设置正确：

（1）在执行在线仿真之前，先将 PC 机和 PLC 用串口或网络通信线连接起来。一般在执行 InoTouchPad 软件的"启动在线模拟器"功能时，都使用 PLC 的下载线来连接计算机和 PLC，接法与使用计算机下载 PLC 程序一样。

（2）在执行"启动在线模拟器"与 PLC 建立连接前，必须先在 InoTouchPad 工程里先设定好 PLC 的各项通信参数，只有当通信参数设置正确后，才能够正常执行"在线仿真"功能。

（3）由于计算机模拟为一台人机界面触摸屏，如果在软件设置里使用 COM1 口连接 PLC，那么也必须通过计算机的 COM1 口将计算机和 PLC 进行连接。否则，将无法正确执行"启动在线模拟器"功能。

 技能训练

一、训练目标

（1）能正确设计触摸屏新工程。

（2）能正确进行触摸屏画面组态。

（3）能正确下载触摸屏工程。

（4）会正确调试触摸屏工程。

二、训练步骤与内容

1．创建新工程

（1）启动 InoTouchPad 软件。

（2）单击执行"工程"菜单下的"新建"子菜单命令，在新建工程对话框，选择使用的触摸屏设备类型 IT7070E，然后输入"工程名称"，名为"工程管理"，并选择工程的保存位置，单击"确定"按钮，创建新工程。

2．建立连接

（1）双击项目窗口"通讯"文件夹中的"连接"图标，打开连接编辑器。

（2）单击连接编辑器连接表上方的"＋"添加连接按钮，可以添加一个新的"连接"，添加新连接。

（3）修改连接名称为"Modbus1"，单击通讯协议栏右边的下拉列表箭头，选择"莫迪康"下的"Modbus协议"，选用接口COM1，接口类型RS-485。

3. 创建变量

（1）打开工程视图左侧目录树"通讯"节点中的"变量"节点。

（2）打开变量的子选项，系统默认已建立"变量组_2"，用户也可根据自身建立的工程需要添加变量组；双击变量组_2，打开变量编辑器。

（3）在变量编辑器的工作区，单击+按钮新建3个变量，工程变量见表3-1。

表3-1　　　　　　　　　　　　　　工程变量表

序号	名称	编号	连接	数据类型	地址
1	M1	1	Modbus1	BOOL	0×1
2	M2	2	Modbus1	BOOL	0×2
3	M10	3	Modbus1	BOOL	0×10

4. 组态画面

（1）打开工程进入默认画面（画面1），或者从工程视图的树节点"画面"中，打开子选项"画面_1"。

（2）在画面右侧工具栏选择"简单控件"→"椭圆控件"，将控件拖放或绘制到画面上后，对外观基本属性进行设置，外观变化关联M10，变量类型选择"位"，0值为红色，1值为绿色。

（3）在画面添加2个按钮，分别设置START和STOP，按下勾选"点击动画"；读变量，START关联M1，STOP关联M2；写模式设置为"按下ON"。

（4）在画面上添加一个文本域控件，设置文本显示"指示灯2"，文本颜色选择"蓝色"，文本字体选择"宋体，28"。

5. 下载调试工程

（1）单击执行"编译"菜单下的"编译"命令，或单击工具栏上的■编译命令按钮，完成编译，编译结果在信息输出栏显示，检查工程设计是否有错。

（2）当指示灯工程组态完成后，单击执行"编译"菜单下的"启动离线模拟器"子菜单命令，编译工程，并启动离线仿真模拟器。

（3）单击电脑底部状态条的"HMISimulator"PLC模拟仿真器，打开PLC模拟仿真器对话框。

（4）将M1设置数值设为"0""1"，并最右列单击开始复选框，观察触摸屏模拟仿真器画面的变化。

（5）将M2设置数值设为"0""1"，并最右列单击开始复选框，观察触摸屏模拟仿真器画面的变化。

（6）将M10设置数值设为"0""1"，并最右列单击开始复选框，观察触摸屏模拟仿真器画面的变化。

 习题3

（1）如何创建新的触摸屏工程？

（2）如何编译、调试触摸屏工程？

（3）如何下载、仿真调试触摸屏工程？

（4）在线仿真调试与离线仿真调试有何区别？

项目四 触摸屏通信

 学习目标

(1) 了解触摸屏通信原理。

(2) 能正确进行触摸屏通信设置。

(3) 能正确建立触摸屏与其他设备的通信连接。

(4) 学会调试触摸屏工程。

任务5 触摸屏的基本通信

一、通信

设备与设备之间的数据交换称之为通信，设备之间可以通过串口通信线、网线以及无线模块等通信介质进行组网互联，并交换数据。

(1) 通信设备。通信设备是指任何一个可以接入到通信网络并进行数据交换的设备，通常称之为通信节点。在汇川 InoTouchPad 环境中，通常认为触摸屏 HMI 或 PLC 就是一个通信节点。

(2) 通信数据用途。在设备之间传输的数据通常可以有以下几种用途：进行工程控制、采集过程数据、报告过程中的状态、记录过程数据。

二、通信原理

InoTouchPad 通过选定的设备协议，将设备寄存器地址映射到通信变量上，控制触摸屏 HMI 与 PLC 或触摸屏 HMI 与触摸屏 HMI 之间的通信。

(1) 建立连接。在 InoTouchPad 中，找到"连接"，在"连接"中新建一个"连接_1"，并组态一个汇川 H5U Qlink TCP 协议，组态通讯协议如图 4-1 所示。

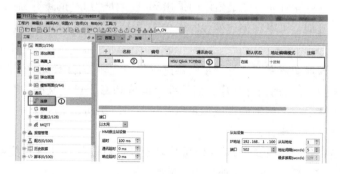

图 4-1 组态通讯协议

若想一次创建多条连接，也可在单击"＋"号右下角的 ▾ 按钮，可选择一次创建多条连接，创建多条连接如图 4-2 所示。

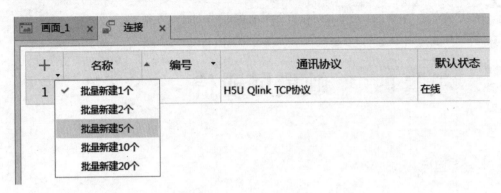

图 4-2　创建多条连接

（2）创建变量。在工程浏览区，找到"变量"中的"变量组_2"，双击变量组_2，打开变量编辑器。

在变量编辑器中，单击左边的添加按钮，添加一个新变量，并组态刚创建的"连接_1"，指定汇川 H5U 寄存器 D0 地址映射到该变量上。创建变量如图 4-3 所示。

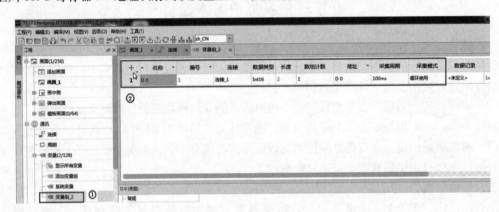

图 4-3　创建变量

修改变量名为 Val1。

在画面中，创建一个数字 IO 域，组态变量 Val1，如图 4-4 所示，下载到触摸屏上，并连接上汇川 H5U，数字 IO 域即可通过变量名访问汇川 H5U 地址为 D0 的寄存器的值。

与创建多条连接类似，可以在创建变量时，单击"＋"号右下角的▼按钮，可选择一次创建多个变量。

（3）通信变量。通信变量在"变量"编辑器进行集中管理，有内部变量和外部变量之分，内部变量是 HMI 设备上已定义的内存映像，而外部变量是 PLC 上已定义的内存映像，都可用于通信。通信过程中，这些已定义好的内存映像可以让设备进行访问，实现读写操作。通常以周期性或事件触发的方式进行以上操作。

在使用时，通过创建地址变量，HMI 便可从该地址进行读值，并将其值显示出来，操作员还可在 HMI 设备上进行输入，对指定地址的变量值的写入。

（4）通讯协议。不同的驱动程序支持不同的设备连接。用户可为不同的设备选择不同的通信接口、配置及传输速度。

三、基本设置

（1）组态连接。触摸屏工程的组态连接如图 4-5 所示。

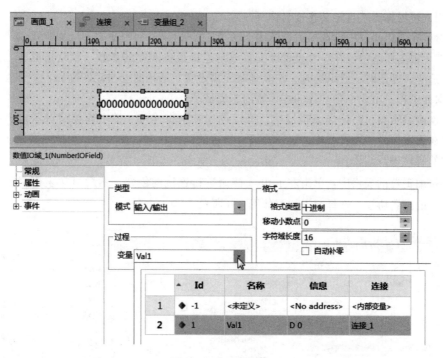

图 4-4　组态变量

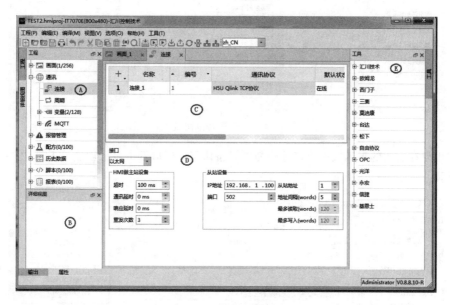

图 4-5　组态连接

A—工程视图；B—详细视图；C—工作区；D—参数设置区；E—工具区

组态步骤如下：

1）找到工程视图中树节点"通讯"，打开子选项。

2）找到子选项"连接"，双击打开连接编辑器。

3）在连接编辑器的工作区单击＋按钮，新建一条连接。

4）用户可根据需求自定义连接名称。

5）然后在通讯协议中，选择适合所用PLC的通讯协议驱动程序。

6）然后根据所选协议在参数设置区配置成与连接设备匹配的参数（默认情况下，会进行通讯参数自适应，即超时、通讯延时、响应延时无需设置，通信时会自动匹配）。

7）保存工程，由此一条有效的连接就组态完成了。

（2）连接编辑器。在连接编辑器中，可以创建和组态连接。整个连接编辑器以表格形式呈现，可以在编辑器设置连接名称、通讯协议、协议的默认状态以及注释。选择完通讯协议后，即可对相关的属性进行编辑。

在连接编辑器的表格中，单击左上角 + 按钮进行连接的创建，然后可在表格中的通讯协议栏选择相应的设备协议。选择通讯协议如图4-6所示。

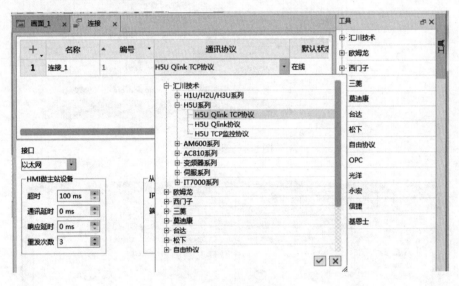

图4-6　选择通讯协议

用户也可在右边的工具栏中直接选中需要设备协议，然后双击进行创建，工具栏选择协议如图4-7所示。

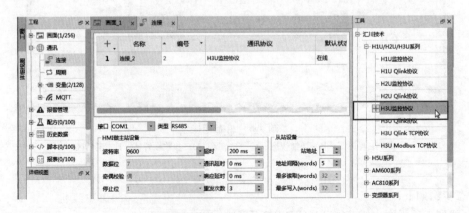

图4-7　工具栏选择协议

若想一次创建多条连接，也可在单击右上角的 ▾ 按钮，可选择一次创建多条连接，如图4-8所示。

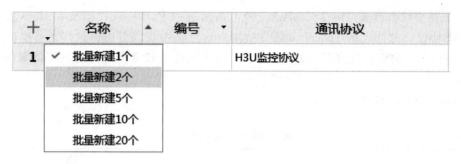

图 4-8　创建多条连接

（3）连接参数。连接编辑器选择好协议后，可以组态触摸屏和通信设备的连接参数。触摸屏支持的接口和类型见表 4-1。

表 4-1　　　　　　　　　　　　触摸屏支持的接口和类型

接口	类型	描述
COM1	RS485	最多组态 32 个协议（协议属于同一个家族），但是协议不能交叉
	RS422	
COM2	RS232	只允许组态 1 个协议
COM3	RS485	最多组态 32 个协议（协议属于同一个家族），但是协议不能交叉
以太网	以太网	TCP/IP 协议都支持组态，要求 IP＋Port 唯一

（4）触摸屏 HMI 做主站。当触摸屏 HMI 设备需要主动去访问其他设备的寄存器的值时，可通过选择主站协议（除了 Modbus Slave、Modbus TCP Slave 协议外）实现。

如果连接是通过串口进行设备间的通信，则可以对连接的接口、类型、主站设备、从站设备等参数进行设置。串口连接设置如图 4-9 所示。

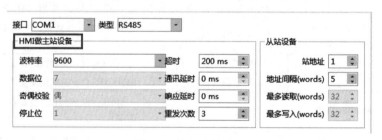

图 4-9　串口连接设置

如果连接是通过以太网进行设备间的通信，则只需要设置从站设备的参数。以太网连接设置如图 4-10 所示。

图 4-10　以太网连接设置

（5）支持协议。目前，InoTouchPad 支持汇川所有的 PLC 协议、标准 Modbus 协议、欧姆龙 FINS 协议，此外，InoTouchPad 还支持用户自定义协议（自由协议，支持串口及以太网通信），使用该协议让通信变得更加灵活，可接入的通信设备可以为所有支持串口及以太网通信的设备。

汇川触摸屏支持的协议见表 4-2。

表 4-2　　　　　　　　　　　　　汇川触摸屏支持的协议

品牌	协议类型		描述
汇川技术	H1U/H2U/H3U 系列	H1U 监控协议	监控协议，支持汇川 H1U 设备
		H1U Qlink 协议	Modbus 家族协议，支持汇川 H1U 设备
		H2U 监控协议	监控协议，支持汇川 H2U 设备
		H2U Qlink 协议	Modbus 家族协议，支持汇川 H2U 设备
		H3U 监控协议	监控协议，支持汇川 H3U 设备
		H3U Qlink 协议	Modbus 家族协议，支持汇川 H3U 设备
		H3U Qlink TCP 协议	Modbus 家族协议，支持汇川 H3U 设备
		H3U Modbus TCP 协议	Modbus 家族协议，支持汇川 H3U 设备
	H5U 系列	H5U Qlink TCP 协议	Modbus 家族协议，支持汇川 H5U 设备
	AM600 系列	AM600 Modbus 协议	Modbus 家族协议，支持汇川 AM600 设备
		AM600 Modbus TCP 协议	Modbus 家族协议，支持汇川 AM600 设备
		AM600 Qlink TCP 协议	Modbus 家族协议，支持汇川 AM600 设备
	AC810 系列	AC810 Qlink TCP 协议	Modbus 家族协议，支持汇川 AC810 设备
	变频器系列	MD 系列变频器 Modbus 协议	Modbus 家族协议，支持汇川变频器设备
	伺服系列	IS 系列伺服 Modbus 协议	Modbus 家族协议，支持汇川伺服设备
	IT7000 系列	Modbus 从站	Modbus 从站，汇川 HMI 做从站设备使用
		Modbus TCP 从站	Modbus TCP 从站，汇川 HMI 做从站设备使用
欧姆龙	FINS	FINS 串口协议	FINS 协议，支持欧姆龙支持 FINS 协议设备
		FINS TCP 协议	FINS 协议，支持欧姆龙支持 FINS 协议设备
莫迪康		Modbus 协议	Modbus 家族协议，支持标准的 Modbus 协议的设备
		ModbusTCP 协议	Modbus 家族协议，支持标准的 Modbus 协议的设备
自由协议		串口自由协议	—
		TCP 自由协议	—

 技能训练

一、训练目标

（1）能正确设计触摸屏新工程。

（2）能正确进行触摸屏画面组态。

（3）能正确下载触摸屏工程。

（4）会正确调试触摸屏工程。

二、训练步骤与内容

1. 创建新工程

(1) 启动 InoTouchPad 软件。

(2) 单击执行"工程"菜单下的"新建"子菜单命令，在新建工程对话框，选择使用的触摸屏设备类型 IT7070E，然后输入"工程名称"，名为"通讯 1"，并选择工程的保存位置，单击"确定"按钮，创建新工程。

2. 建立连接

(1) 双击项目窗口"通讯"文件夹中的"连接"图标，打开连接编辑器。

(2) 单击连接编辑器连接表上方的"➕"添加连接按钮，可以添加一个新的"连接"，添加新连接。

(3) 修改连接名称为"TC1"，单击通讯协议栏右边的下拉列表箭头，选择"莫迪康"下的"Modbus 协议"。

(4) 修改主站设备中的通讯协议，接口设置为"COM3"，类型为"RS485"，波特率为"9600"，数据为"8"，奇偶校验为"偶"，停止位为"1"。

3. 创建变量

(1) 打开工程视图左侧目录树"通讯"节点中的"变量"节点。

(2) 打开变量的子选项，系统默认已建立"变量组_2"，用户也可根据自身建立的工程需要添加变量组；双击变量组_2，打开变量编辑器。

(3) 在变量编辑器的工作区，单击"➕"按钮新建一个变量，"通讯 1"变量见表 4-3。

表 4-3　　　　　　　　　　　　　　　　　"通讯 1"变量表

序号	名称	编号	连接	数据类型	地址
1	M1	1	连接_1	BOOL	0×1
2	M2	2	连接_1	BOOL	0×2
3	M10	3	连接_1	BOOL	0×10
4	D0	4	连接_1	Int16	4×0
5	D1	5	连接_1	Int16	4×1

4. 组态画面

(1) 打开工程进入默认画面（画面 1），或者从工程视图的树节点"画面"中，打开子选项"画面_1"。

(2) 在画面右侧工具栏选择"简单控件"→"椭圆控件"，将控件拖放或绘制到画面上后，对外观基本属性进行设置，外观变化关联 M10，变量类型选择"位"，0 值为红色，1 值为绿色。

(3) 添加一个数字 IO 控件，关联变量 D0，文本对齐属性设置为"居右"；再添加一个数字 IO 控件，关联变量 D1，文本对齐属性设置为"居右"。

(4) 在画面添加 2 个按钮，分别设置 START 和 STOP，按下勾选"点击动画"；读变量，START 关联 M1，STOP 关联 M2；写模式设置为"按下 ON"。

(5) 在画面上添加一个文本域控件，设置文本显示"通讯 1"，文本颜色选择"蓝色"，文本字体选择"宋体，28"。

(6) 在画面上添加三个文本域控件，设置文本显示"M10""D0""D1"。

5. 仿真调试工程

(1) 单击执行"编译"菜单下的"编译"命令，或单击工具栏上的■编译命令按钮，完成编译，编译结果在信息输出栏显示，检查工程设计是否有错。

（2）当指示灯工程组态完成后，单击执行"编译"菜单下的"启动离线模拟器"子菜单命令，编译工程，并启动离线仿真模拟器。

（3）单击电脑底部状态条的"HMISimulator"触摸屏仿真器，打开触摸屏 PLC 仿真器对话框。

（4）将 M1 设置数值设为"0""1"，并最右列单击开始复选框，观察触摸屏模拟仿真器画面的变化。

（5）将 M2 设置数值设为"0""1"，并最右列单击开始复选框，观察触摸屏模拟仿真器画面的变化。

（6）将 M10 设置数值设为"0""1"，并最右列单击开始复选框，观察触摸屏模拟仿真器画面的变化。

（7）将 D0 设置值设为 123，并最右列单击开始复选框，观察触摸屏模拟仿真器画面的变化；将 D1 设置值设为 567，仿真调试如图 4-11 所示，并最右列单击开始复选框，观察触摸屏模拟仿真器画面的变化。

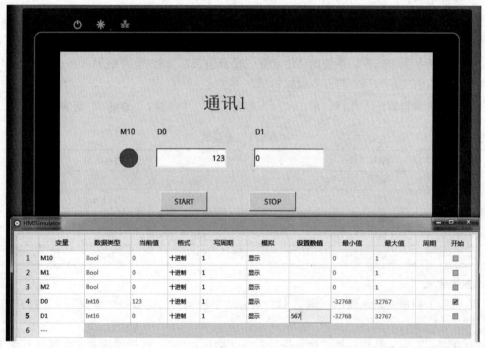

图 4-11　仿真调试

6. 运行测试

（1）在 PLC 中输入"通讯 1"测试程序，如图 4-12 所示。

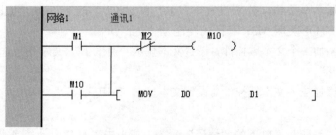

图 4-12　"通讯 1"测试程序

（2）将 PLC 串口 COM 设置为 MODBUD-RTU 从站，设置 PLC 从站如图 4-13 所示。

图 4-13　设置 PLC 从站

（3）设置完成，单击"确定"按钮，完成从站设置。

（4）将"通讯 1"测试程序下载到 PLC。

（5）关断电源，通过通信缆线连接触摸屏和 PLC，触摸屏 USB 接口连接电脑 USB。

（6）接通电源，将触摸屏指示灯 1 工程下载到触摸屏 IT7070E。

（7）触摸按钮 1，观察触摸屏 M10 对象的变化。

（8）触摸 D0，输入 1234，观察触摸屏数值 IO 域 D1 的数字显示。

（9）触摸按钮 2，观察触摸屏 M10 对象的变化。

（10）触摸 D0，输入 106，观察触摸屏数值 IO 域 D1 的数字显示。

习题 4

（1）汇川触摸屏支持哪些通讯协议？

（2）如何实现触摸屏与 H5U 系列 PLC 的 Modbus TCP 的以太网通信？

（3）如何通过触摸屏改写 H5U 系列 PLC 定时器的运行参数？

项目五 使用变量

学习目标

(1) 了解变量。

(2) 学会创建变量。

(3) 学会使用变量。

(4) 学会导入导出变量。

任务6 学会使用变量

一、变量

1. 变量的基本信息

（1）变量规格。用户在使用 InoTouchPad 软件创建一个触摸屏工程时，最多可创建 64 个变量组，32767 个变量（不含系统变量）。

（2）外部变量。组态连接的变量称为外部变量，它是 PLC 中一些已定义的存储位置的映像，这些区域可供触摸屏和 PLC 共同访问，可进行读写操作，这些区域所支持的数据类型完全取决于 PLC 设备，例如：汇川变频器支持 int16、unint16 两种数据类型，而汇川 H5UPLC 可支持 int16、unint16、int32、unint32、float、bool、string 多种类型。

（3）内部变量。没有组态连接的变量称为内部变量，它是触摸屏中一些已经定义的存储位置的映像，这些区域只能由触摸屏自己进行访问。当然，触摸屏作为从站时，内部变量所在存储区域也可被其他触摸屏访问。相对于另一台与之通信触摸屏设备而言，这些内部变量充当外部变量的角色。

2. 系统变量

内部变量划分了一些特定的区域（LW9000～LW9323），用于显示一些系统信息，我们称之为系统变量。

系统变量所占用的地址一般不再用作普通内部变量使用，且这块区域的变量为只读变量，用户需要查看特定的系统信息，可在系统变量组添加对应的系统变量，添加时间系统变量如图5-1所示。

图 5-1 添加时间系统变量

系统变量包括系统时间变量、网络设置变量、用户管理变量、画面管理变量、系统信息变量、通信变量、物联网变量等，详细定义可参考 InoTouchPad 软件用户手册。

3. 基本设置

(1) 组态变量（见图 5-2）。

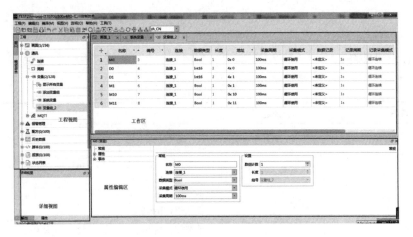

图 5-2　组态变量

组态变量操作步骤如下：

1）找到工程视图中树节点"通讯"，打开子选项。

2）找到子选项"变量"，打开变量的子选项，找到变量组_2，双击打开变量编辑器。

3）在变量编辑器的工作区单击 + 按钮，新建一个变量。

4）然后根据用户需求，选择所需要连接 PLC 的驱动程序的连接、数据类型以及地址，若要使用内部变量，只需将连接选为内部变量，然后选择数据类型和地址。

5）变量的其他属性可根据实际用法设置。

6）保存工程，这样一个有效的变量组态成功。

(2) 变量编辑器。在变量编辑器中，可以创建组态变量。整个变量编辑器以表格形式呈现。创建了变量后，即可对相关的属性进行编辑。

单击左上角的 + 按钮，即可创建一个变量。

若想一次创建多个变量，也可在单击"＋"号旁的 ▾ 按钮，批量新建变量如图 5-3 所示，选择一次创建的个数。

图 5-3　批量新建变量

在表头处，单击鼠标右键可打开隐藏的表各项，然后根据需求设置各项内容。

(3) 变量属性框（见图 5-4）。

变量的属性框由左边的树结构和右边的编辑区域组成，在编辑区域设置相关参数的属性后，会同步到变量表格编辑器中，同样，在变量表格编辑器中编辑变量属性值，也会同步到属性的编辑区域。

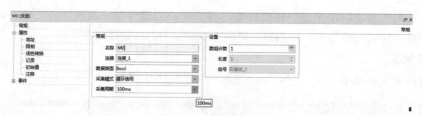

图 5-4　变量属性框

变量属性设置见表 5-1。

表 5-1   变量属性设置

属性		描述	说明
常规	名称	变量名称	不能重名；不可为空。 限制输入：128 个字符
	连接	变量的连接	值范围：内部变量/外部变量连接。 默认值：内部变量
	数据类型	变量的数据类型	值范围：受连接约束。 默认值：Int16
	采集模式	变量的采集方式	值范围：根据命令/循环连续/循环使用。 根据命令：调用系统函数 UpdateTag 刷新。 循环连续：变量一直刷新。 循环使用：当前画面使用到变量时才刷新
	采集周期	多长时间采集一次	默认 1s
设置	组号	变量组号	变量组不可编辑
	数组计数	变量数组计数	值范围：1～1600，默认值：1
	长度	字节×数组计数	不可编辑
地址	地址	地址	内部变量时，可编辑触摸屏的内部地址；外部变量时，受协议限制
记录	数据记录	变量的数据记录	默认值空
	记录采集模式	变量的记录方式	值范围：变化时/根据命令/循环连续，默认值：循环连续。 变化时：值改变时才记录。 根据命令：调用系统函数 LogTag 记录。 循环连续：固定时间间隔记录
	记录周期	多长时间采集一次	只有选择"循环连续"时才有效；默认值为空
限制	上限	变量上限值	值范围：常量/变量。 常量值范围：数据类型范围
	上限报警	越上限触发报警	产生一条上升沿"该数值高于上限"模拟量报警
	下限	变量下限值	值范围：常量/变量。 常量值范围：数据类型范围
	下限报警	越下限触发报警	产生一条下降沿"该数值低于下限"模拟量报警
线性转换	线性转换	是否启用线性转换	只针对外部变量有效；数组变量时也无效。 值范围：开启/关闭；默认值为关闭。 也可以使用 InverseLinearScaling /LinearScaling
	PLC 线性转换上限值	PLC 上限值设置	默认值：10
	PLC 线性转换下限值	PLC 下限值设置	默认值：0
	触摸屏线性转换上限值	触摸屏上限值设置	默认值：100
	触摸屏线性转换下限值	触摸屏下限值设置	默认值：0
起始值	起始值	变量初始值/默认值	常量值范围：数据类型范围，默认为空
注释	注释	变量注释	限制输入：500 个字符

在 InoTouchPad 中，可以对每个变量组态一些特定的属性，该属性决定了变量的使用。

二、使用变量

1. 使用变量进行通信

外部变量用于触摸屏设备与 PLC 之间的数据交换，外部变量是 PLC 中所定义的存储位置映像。在 InoTouchPad 中，若要创建一个与 PLC 连接的变量，必须指定与 PLC 对应通讯协议的连接、变量数据类型以及地址，这样触摸屏设备和 PLC 可以访问同一位置。

当触摸屏设备作为从站时，内部变量也可用于通信，但它是建立在触摸屏设备和触摸屏设备之间数据交换。内部变量是触摸屏中所定义的存储位置映像。在 InoTouchPad 中，若要创建一个与触摸屏连接的变量，必须在"连接"中创建一个从站协议，然后，与之连接的另一台触摸屏设备设置为主站，并选用标准的 Modbus 协议和该从站触摸屏设备通信，指定类型和地址，就可以访问从站触摸屏内部变量的地址区域，此时因被读写的从站设备为触摸屏，所以实际读写的位置的对应关系见表 5-2。

表 5-2　　　　　　　　　　　　　实际读写的位置的对应关系

读写 0x/1x（0~11999）	对应到 读写 LB（0~11999）
读写 3x/4x/5x（0~9999）	对应到 读写 LW（0~9999）
读写 3x/4x/5x（10000~65535）	对应到 读写 RW（0~55535）

通过设定采集周期，可以让触摸屏在指定的周期去读取外部变量的值，只要变量在画面中显示或进行记录，数据值就会定期进行更新，定期更新的时间间隔由采集周期决定，既可以使用默认周期进行采集，也可用户自定义采集周期。

2. 更改变量组态

用户可以根据用户的需求变化去改变变量的设置。

当需要对多个变量进行编辑时，可以使用变量编辑器进行组态。在变量编辑器中，单击表头的属性，可按其属性自动进行排序。可以比较和调整多个变量的属性，或者根据变量属性进行排序。

如果要在使用处直接创建一个新的变量进行组态，可以在对象列表中单击 按钮，打开变量属性编辑框，在弹出的变量属性框中直接进行编辑和组态，新变量组态如图 5-5 所示。

如果在组态过程中，若出现组态内容非法，则内容会红色高亮显示。

3. 变量的限制值

变量限制值只针对数字类型的变量（bool 类型除外），对于字符串（String、WString）类型、日期时间（DateTime）类型限制值无效，不可设置。如果过程值高于或低于限制值范围，可以对此进行组态触发模拟量报警信息或事件。操作员在输入值时，若值超过限制范围，则该值会遭到拒绝并且不会保存。

4. 变量的起始值

变量的起始值为运行系统启动时将被预置的值，对于所有数据类型都可预置一个初始值，通过设置起始值，可确保项目开始时，变量处于用户自定义的状态。

5. 在运行时更新变量值

在运行时，通常可以通过以下几种方式对变量值进行更改：

（1）通过操作员输入，在 IO 域直接对变量值进行更改。

（2）通过系统函数修改，例如："SetValue"。

（3）在脚本中对变量赋值，例如：SmartTags（"D0"）=1。

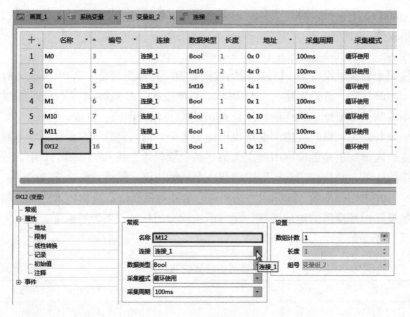

图 5-5　新变量组态

（4）通过通信，采集通信伙伴的数值进行更新。注：对于外部变量更新时，更新方式依赖于采集模式，若采用根据命令，则一条命令触发一次变量更新；若采用循环使用，只要变量在当前画面中显示，就会在一个采集周期后更新，用户可自定义采集周期；若采用循环连续，不管当前画面是否显示该变量，一个采集周期过后都会更新一次。由于频繁读取操作会增加通信负担，所以变量采集模式默认为循环使用，即当前画面显示和使用该变量时，才会对其进行周期更新，循环连续一般只用于一些必须连续更新的变量。

6. 数据记录

组态数据记录是指将指定的变量值记录并存储起来，其目的是后续的数据统计、分析及计算。记录变量数据，可采用不同的记录采集模式，若采用值变化模式采集，则当变量值发生一次改变才记录一次；若采用根据命令，则在触发一次命令（LogTag）后记录一次变量值；若采用循环连续，则在记录周期到时，记录一次，记录周期可用户自定义，记录周期决定采集的频率。

变量所能组态的数据记录，是在"历史数据"中创建的。

7. 变量的线性转换

线性转换作用的对象为数字数据类型。通过线性转换处理，可将外部变量的值映射到 Ino-TouchPad 项目中特定的数值范围。

为了对变量进行线性转换，首先需要在变量编辑器中，将该变量的线性转换开关打开，然后，分别设置一下触摸屏线性转换上、下限值和 PLC 线性转换上、下限值，指定后，数值范围将会相互线性映射。

变量线性转换如图 5-6 所示。

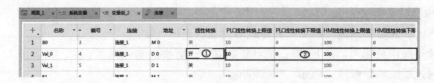

图 5-6　变量线性转换

例如：创建一个外部变量"Val_0"，该外部变量选用的连接 H5U 的是 Qlink TCP 协议，并指定访问的地址为 D0 地址，将线性开关打开，PLC 上、下限值分别设置 10、0，触摸屏上、下限值分别设置 100、0，当触摸屏设备与 H5U 连接通信时，假设在触摸屏设备上写入"Val_0"值为 60 时，它将会按照之前设置好的线性关系进行转换，再将转换后的值写入到 H5U 中的 D0 寄存器中（即写入 H5U 中的 D0 寄存器的值实际为 6），同样，在触摸屏设备上读取"D0"的值，如果从 H5U 中的 D0 寄存器读取的值为 8，那么按照线性关系进行转换后，"Val_0"在触摸屏上的实际显示值为 80。通过以上线性装换，即可将 PLC 上的数值范围 [0~10] 映射到触摸屏上的数值范围 [0~100]。

8. 数组变量

数组变量是数组计数大于 1 的变量，它以指定的地址为数组首地址，并且地址空间连续，每个数组元素都有相同的数据类型，即变量指定的数据类型。

多个具有相同属性的数组元素可通过单个数组变量名进行寻址，然后在组态中，可以将每个数组元素单独使用。在 InoTouchPad 项目中，并非所有地方都能使用数组变量，只有在以下情况下才可使用数组变量：

（1）在配方编辑器中，成分变量可使用数组变量，使用数组变量如图 5-7 所示。

图 5-7 使用数组变量

（2）在趋势视图中，趋势缓冲区变量可使用数组变量。

9. 导入导出变量

（1）变量导入导出概述。InoTouchPad 提供了对变量表导入导出的功能，可从一个工程项目中导出变量，然后再导入到另一个工程中，这样可以大大减少创建新工程的工作量，无须手动逐一创建变量。

（2）变量导出。在工程左边的树视图中找到任意一个变量组（系统变量不可进行导入、导出操作，显示所有变量组也可进行导入、导出操作），例如"变量组_2"，右键菜单中单击导出，如图 5-8 所示。

图 5-8 单击导出

在弹出框中指定导出 csv 文件的路径及文件名称，单击保存后，就可以将"变量组_2"中的所有变量导出到用户指定的 test2.csv 文件中，如图 5-9 所示，导出的 csv 文件可用 Excel 打开查看和编辑。

图 5-9　保存 test2.csv

（3）变量导入。在工程左边的树视图中找到任意一个变量组（系统变量不可进行导入、导出操作，显示所有变量组也可进行导入、导出操作），比如"变量组_2"，右键菜单中单击导入。然后，会弹出导入提示询问，导入提示如图 5-10 所示，提示用户导入时，若当前工程有相同变量名称，则会进行覆盖，可确认后进行导入。

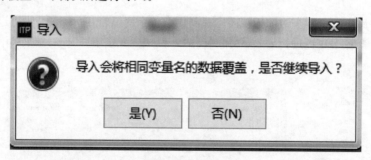

图 5-10　导入提示

单击"是"，即可通过弹出框，选择需要导入的 *.csv 文件。单击"打开"按钮，相应的变量组被导入。

（4）变量数据格式。用于变量导入、导出的数据文件必须为"*.csv"格式的文件，且字段间的分隔符指定为","（英文字符的逗号）。

变量导出时，变量信息写入到 *.csv 文件中，导出的文本前 18 行为固定格式，是变量列表的一些说明信息和表头，之后的内容为导出的数据，数据固定 13 列，共 13 个字段元素，按顺序分别为名称、连接、数据类型、长度、数组计数、地址、采集周期、采集模式、上限值、下限值、起始值、注释、变量组 Id。字段之间用","隔开，字段内容不为空时，用双引号括住字段中的内容，若字段内本身含双引号，导出时会双写这个双引号（字段间的用于分隔的","和括住字段内容的双引号都是英文字符）。

变量导入时，导入文本的前 18 行为固定格式，不能进行增删和更改，只可对变量数据进行编辑，在导入文件中，每个变量占独立一行，每个变量含有以下 13 个字段，同样导入时，不能进行增删，每个字段有约束，变量导入的字段约束见表 5-3。

表 5-3　　　　　　　　　　　　　　　变量导入的字段约束

列表条目	功能描述	说明
名称	指定组态的变量名称	名称为空，直接过滤掉该行数据，该行数据将不会被导入，名称与当前工程的数据库中已有的名称相匹配，则会将导入的数据覆盖掉该变量的数据，其他则以新增变量的形式导入
连接	指定组态的连接	可以为空，也可以为当前工程已创建的连接（选用从站协议的连接除外，MODBUS Slave、MODBUS TCP/IP Slave 均为从站协议），若选用当前工程中未创建的连接，直接过滤掉该行数据，该行数据将不会被导入
数据类型	指定变量的数据类型	（1）不可以为空。 （2）当连接为内部变量，除内部变量支持的数据类型外，都属非法，不可导入。 （3）对于当有工程已创建的连接，超出该连接协议所支持的数据类型都属非法，不可导入（注：字符串区分大小写，严格与变量编辑器中的类型匹配，非法的直接过滤掉该行）
长度	指定变量长度，长度＝数组计数值×数据类型长度	（1）不可以为空。 （2）数据类型为非字符串类型（除 WString、String 之外的类型）：长度与计算值不匹配为非法字段。 （3）数据类型为 WString、String 类型：超出限定范围的值也为非法字段。 注意：Bool 类型长度单位为"bit"，其他类型以"byte"为单位：UInt16（长度为 2）、Int16（长度为 2）、UInt32（长度为 4）、Int32（长度为 4）、Float（长度为 4）、Double（长度为 8）、Bool（长度为 1）、String（长度为 1～255）、WString（长度为 1～80）、DataTime（长度为 8）
数组计数	定义数组中元素的数量	（1）不可以为空。 （2）数据类型为 WString、String 时：值不为 1 为非法值。 （3）数据类型为非字符串类型（除 WString、String 之外的类型）：值范围为 1～1600（取整），超出范围的值都为非法值
地址	指定的变量的地址	（1）不可以为空。 （2）不满足连接所对应的协议所约定的地址以及内部变量规定的地址都属于非法地址，直接过滤掉该行数据，该行数据将不会被导入。 （3）地址值格式要正确，比如：D0 而非 D0，中间空格不能省略
采集周期	指定变量的采集周期	（1）不可以为空。 （2）周期为（1h、1min、10s、5s、2s、1s、500ms、100ms 以及在 InoTouch-Pad 中新增周期）之外的任意字周期，都为非法
采集模式	指定变量的采集模式	（1）不可以为空。 （2）值为除 0、1、2 之外的其他值都为非法。 （三种采集模式：0—根据命令、1—循环使用、2—循环连续）

续表

列表条目	功能描述	说明
上限值	限制对象只能为数字类型	（1）导入数据类型为 UInt16、Int16、UInt32、Int32、Float、Double 时，超过所属类型范围限制值之外的值都为非法（可以为空，意义为缺省值无限制）。 （2）在 Bool、WString、String、DataTime 四种类型下不为空属非法。 （3）导入为数值时，上限值小于下限值为非法。 （4）导入的为非数值的字符串，包括导入合法的变量名都为非法（值是变量时不会导出来，默认导出为空）
下限值	限制对象只能为数字类型	（1）导入数据类型为 UInt16、Int16、UInt32、Int32、Float、Double 时，超过所属类型范围限制值之外的值都为非法（可以为空，意义为缺省值无限制）。 （2）在 Bool、WString、String、DataTime 四种类型下不为空属非法。 （3）导入为数值时，上限值小于下限值为非法。 （4）导入的为非数值的字符串，包括导入合法的变量名都为非法（值是变量时不会导出来，默认导出为空）
起始值	指定变量的起始值	（1）导入数据类型为 UInt16、Int16、UInt32、Int32、Float、Double 时，超过所属类型范围限制值之外的值都为非法（可以为空，意义为缺省值无限制）。 （2）类型为 WString、String 类型时，字符串 size 大于变量长度属非法。 （3）类型为 DataTime 时，格式不为 "yyyy-MM-dd hh：mm：ss" 或 "yyyy/MM/dd hh：mm：ss" 为非法，导入不正确的时间也为非法（注：年月日必须保证完整，可以缺省时分秒）
注释	用于特定的变量注释	没有特别约束
变量组 Id	指定变量导入所属变量组	只针对在所有变量处导入有效

 技能训练

一、训练目标

（1）学会创建变量。

（2）学会使用变量。

（3）学会导入、导出变量。

二、训练步骤与内容

1. 创建新工程

（1）启动 InoTouchPad 软件。

（2）单击执行"工程"菜单下的"新建"子菜单命令，在新建工程对话框，选择使用的触摸屏设备类型 IT7070E，然后输入"工程名称"，名为"使用变量"，并选择工程的保存位置，单击"确定"按钮，创建新工程。

2. 建立连接

（1）双击项目窗口"通讯"文件夹中的"连接"图标，打开连接编辑器。

（2）单击连接编辑器连接表上方的"+"添加连接按钮，可以添加一个新的"连接"，添加新连接。

（3）修改连接名称为"TEST_2"，单击通讯协议栏右边的下拉列表箭头，选择"H5U Qlink TCP 协议"。

3. 创建变量

（1）打开工程视图左侧目录树"通讯"节点中的"变量"节点。

（2）打开变量的子选项，系统默认已建立"变量组_2"，用户也可根据自身建立的工程需要添加变量组；双击变量组_2，打开变量编辑器。

（3）创建的 TEST_2 工程变量，见表 5-4。

表 5-4 **TEST_2 工程变量**

名称	连接	数据类型	长度	数组计数	地址
B0	TEST_2	Bool	1	1	M 0
Val_0	TEST_2	Int16	2	1	D 0
Val_1	TEST_2	Int16	2	1	D 1
B1	TEST_2	Bool	1	1	M 1
B10	TEST_2	Bool	1	1	M 10
B11	TEST_2	Bool	1	1	M 11
B12	TEST_2	Bool	1	1	M 12

4. 修改变量属性

（1）设置外部变量"Val_0"，将线性开关打开，PLC 上、下限值分别设置 10、0，触摸屏上、下限值分别设置 100、0。

（2）在触摸屏组态画面中，添加一个数字 IO 对象，关联变量 Val_0。将工程组态下载到触摸屏。

（3）触摸屏与 H5U 系列 PLC 连接。

（4）单击触摸屏数字 IO 对象，输入数值"50"，观察 PLC 的寄存器 D0 的数值。

5. 变量导入导出

（1）右键单击变量组_2，在弹出菜单中单击执行"导出"子菜单命令。

（2）在变量导出对话框中，输入导出变量的文件名为"TEST3"。

（3）单击"保存"按钮，保存导出文件。

（4）右键单击变量组_2，在弹出菜单中单击执行"导入"子菜单命令。

（5）弹出导入提示询问，单击"是"按钮，打开导入对话框。

（6）在变量导入对话框，选择要导入的文件"TEST3.csv"，单击"打开"按钮，将变量导入工程。

 习题 5

（1）如何设置触摸屏作为从站使用？

（2）如何创建数组变量？

（3）如何修改变量属性？

（4）如何导入变量？

（5）如何导出变量？

（6）如何使触摸屏与多个 PLC 进行通信控制？

项目六 设计画面

![学习目标图标]学习目标

(1) 学会创建触摸屏画面。

(2) 学会创建模板画面。

(3) 学会创建弹出画面。

(4) 学会创建自定义控件。

任务7 设计触摸屏画面

一、创建画面

1. 基本信息

(1) 画面基本信息。画面是触摸屏工程组态的最基本元素，用于呈现组态的内容。通过创建页画面，操作人员可以很方便地控制和监视机器设备的过程和数据。画面包含普通画面、弹出画面和模板画面，画面类别如图 6-1 所示。

图 6-1 画面类别

普通画面，显示在屏幕上的画面。

弹出画面，可用于在普通画面上弹出显示的画面。

模板画面，可被普通画面引用的画面。

画面可以包含静态元素和动态元素。

静态元素：在运行时不改变它们的状态，例如文本或图形对象。

动态元素：根据过程改变它们的状态，例如通过下列方式显示当前过程值：

——显示从 PLC 存储器中读取的输出。

——以字母数字、趋势图和棒图的形式显示触摸屏设备存储器中输出的过程值。

注：触摸屏设备上的输入域也可以作为动态元素的一种，通过变量可以在控制器和触摸屏设备之间切换过程值和操作员输入值。

(2) 画面关联设置。触摸屏 HMI 设备的类型决定工程项目在 InoTouchPad 中的显示状况和编辑器的功能范围。

创建工程项目时，必须为项目选择相应的触摸屏 HMI 设备类型。

双击工程项目视图中的"HMI 设置"下的"工程设置"，可用来改变触摸屏设备类型，HMI 设置如图 6-2 所示。

下列画面属性由所选触摸屏 HMI 的类型确定：①屏幕分辨率；②可用的对象。

(3) 画面编辑器。新建或者打开工程，默认就打开了画面编辑器，也可以通过工程视图的"画面"模块中双击"画面"或者双击"添加画面"来打开画面编辑器。打开的画面编辑器如图 6-3 所示。

图 6-2　HMI 设置

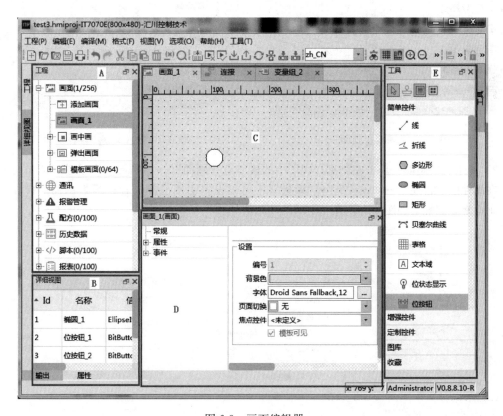

图 6-3　画面编辑器

A—工程视图；B—详细视图；C—工作区；D—属性视图；E—工具窗口

1) 工程视图，显示当前工程中可以使用的功能模块，通过双击视图中的"项目"来打开相应的功能进行编辑。

2) 详细视图，显示当前画面中的控件信息。

3) 工作区，用户可在工作区中组态画面。

4) 属性视图，属性视图中的内容取决于当前在工作区域中所选择的对象。

a. 所选对象的属性可在属性对话框中进行浏览和编辑。

b. 如果未在激活画面中选择对象，则将显示此画面的属性，并可在属性视图中对其进行编辑。

5) 工具窗口，工具窗口中含有可以添加到画面中的简单控件和复杂控件，如字符 IO 域控件和报警视图控件。此外还包含了图形和收藏功能，都可以将工具窗口中的项目使用到页面组态中。

（4）使用模板画面。

1) 新建模板画面。单击左侧工程视图中的树节点"画面"→"模板画面"子项，展开并双击"添加模板画面"图标，添加模板画面如图 6-4 所示。

为更好地展示下文演示效果，在此模板画面中建立"文本域"，输入文字"模板画面"，如图 6-5 所示。

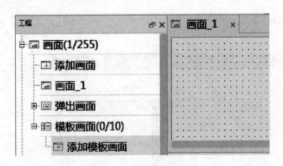

图 6-4　添加模板画面

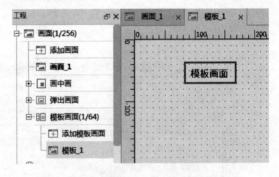

图 6-5　输入文字"模板画面"

2) 使用模板画面。单击左侧工程视图中的树节点"画面"→"画面_1"子项，双击打开画面，在属性中"常规"→"设置"→"模板"中可以设置引用已经创建的模板画面"模板_1"，设置画面常规属性，如图 6-6 所示。

图 6-6　设置画面常规属性

执行离线模拟，可见模板画面的已经被画面1成功调用，离线模拟如图6-7所示。

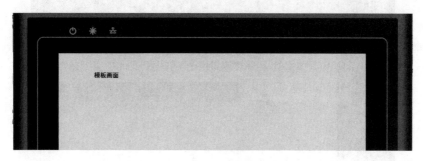

图6-7 离线模拟

（5）使用弹出页面。

1）创建"弹出画面"。找到左侧工程视图中的树节点"画面"→"弹出画面"子项，展开并双击"添加弹出画面"图标。

为更好地展示下文演示效果，在此"弹出画面"中建立"文本域"控件，并命名为"弹出画面"。

2）使用模板画面。找到左侧工程视图中的树节点"画面"→"画面_1"子项，双击打开画面，建立"按钮"控件，并命名为"弹出"。

在任何可组态系统函数的地方选择 ShowPopup 即可使用弹出页面。

例如在按钮的单击事件中组态弹出页面：

单击按钮控件，在属性框中选择"事件"→"单击"→"画面"→"ShowPopup"函数，即可使用以上设置好的弹出画面"画面_2"，设置使用弹出画面如图6-8所示。

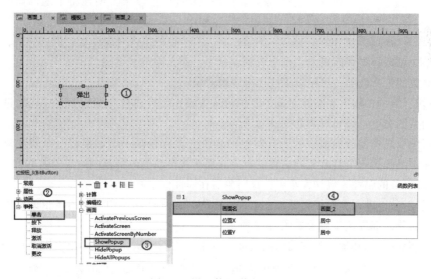

图6-8 设置使用弹出画面

执行离线模拟，可见弹出画面的已经被成功调用，调用弹出画面如图6-9所示。

2. 使用对象

（1）对象总览。项目设计过程中使用的图形元素称为"对象"，在"画面"编辑器中，以对象组的形式呈现于"工具窗口"内。工具窗口如图6-10所示。

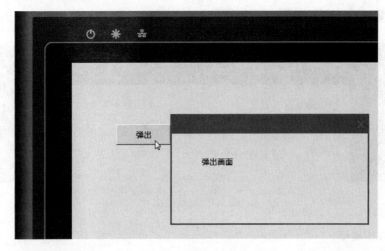

图 6-9 调用弹出画面

图 6-10 工具窗口

1)"简单控件"。简单控件包含"折线""多边形""椭圆"等图形对象，以及诸如"数值IO域"或"按钮"等标准控件。

2)"增强控件"。增强控件包含提供增强功能的控件对象。例如动态显示过程的"棒图""进度条"；提供数据查询功能的"报警视图""数据视图"。

3)"图形"。图形控件用于浏览本地计算机中的图片对象，提供预览功能，可以很方便地将本地计算机中的图片对象加入工程中。

4)"收藏"。收藏包含对象模板，例如管道、泵或缺省按钮的图形。可以将多个库对象实例集成到项目中，而无需重新组态。

(2) 对象的编辑选项。可用以下选项来编辑对象：

1) 剪切、复制、插入和删除对象。要执行这些操作，可通过"编辑"菜单、右键菜单或快捷键执行相关的命令，编辑对象如图 6-11 所示。

由于系统要求画面或模板中的所有对象的名称必须保持唯一，如果将一个对象复制到了画面，但画面中已包括一个具有相同名称的对象，那么将自动更改所复制对象的名称。

2) 更改对象的属性，例如大小。选择对象后在属性框中修改属性。

3) 定位对象。进入画面编辑器，在工程视图中"详细视图"中，单击条目即可以在页面工作区中选中对象。选择定位对象如图 6-12 所示。

4) 将对象移动到其他对象的前面或后面。选中对象后右键鼠标，弹出右键菜单，选择排列菜单中的选项，即可移动对象；或者单击顶部工具栏中的移动功能 也可以移动对象。

5) 旋转对象。在顶部工具栏中单击 相应的旋转按钮即可对选择对象的对象进行旋转。

6) 图章。在工具窗口中选择图章，再选择一个对象，即可实现插入多个相同类型的对象。使用图章如图 6-13 所示。

7) 同时选择多个对象。按住 Shift 再点选对象，或者鼠标在画面空白处单击后拖动，使用选框

项目六

选择多个对象。

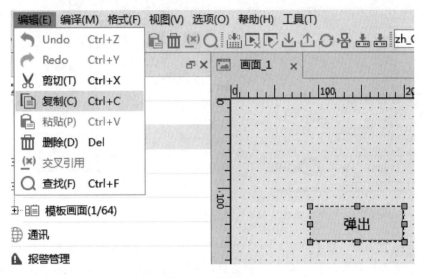

图 6-11 编辑对象

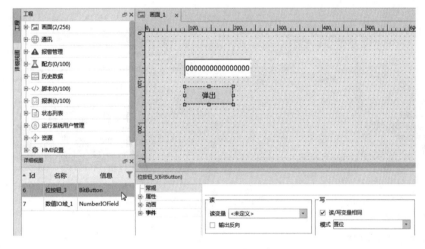

图 6-12 选择定位对象

8）重新定位多个对象并调整。选择多个对象后可以通过菜单栏中的调整菜单 对所有对象进行调整。

9）成组。组是使用"组"功能组合在一起的若干个对象。可以按与编辑任何其他对象相同的方式编辑组。通过选择多个对象后右击鼠标弹出菜单选择"成组"或者菜单栏中的组功能进行操作。

（3）外部图形。在 InoTouchPad 中，可以使用由外部图形编辑器创建的图像。要使用这些图形，必须将其存储在 InoTouchPad 项目的图像浏览器中。可以使用以下格式的图形文件：* . bmp、* . dib、* . ico、* . emf、* . wmf、* . gif、* . TIF、* . jpeg 或 * . jpg。

保存图像浏览器中图形的操作：

1）从工具窗口的"图形"中将图形对象拖放到画面工作区，这些对象将自动存储在图像浏览器中。

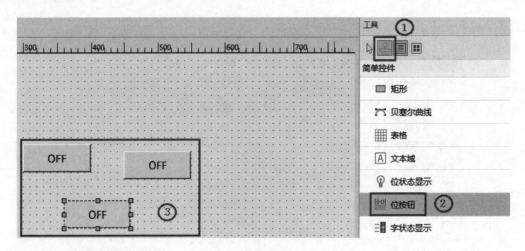

图 6-13 使用图章

2）在工程视图选择"状态列表"中的"图形列表"，在工作区域中先创建图形列表，然后在工作区的右侧添加列表条目，单击列表条目，弹出图像浏览器，在弹出的浏览器中单击打开，这时候会弹出系统文件浏览窗口，在浏览窗口中选择需要添加的图形文件即可，如图 6-14所示。

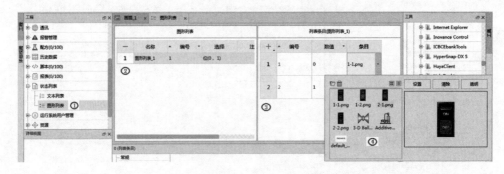

图 6-14 保存图形

二、画面控件收藏功能

库是画面对象模板的集合。库对象始终可以重复使用而无需重新组态，从而提高设计效率。InoTouchPad 包含了系统库和用户库，可以通过工具窗口中的"收藏"浏览查看内容。

1. 系统库

InoTouchPad 自带的收藏库，只可以使用，不能编辑和修改。

（1）系统库的按钮和指示灯（见图 6-15）。

（2）系统库的形状图（见图 6-16）。

系统库中的控件和普通控件一样，在工具栏中选中，放到画面或直接拖拽到画面即可进行组态，系统库中的控件的使用，如图 6-17 所示。

2. 用户库

用户库是用户自定义的控件的集合，可以让用户自定义控件的形态，然后收藏起来，方便下次做工程时使用。

收藏自定义的控件的操作步骤如下：

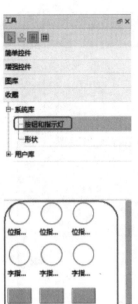
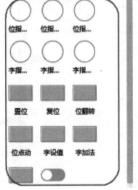

图 6-15　系统库的按钮和指示灯

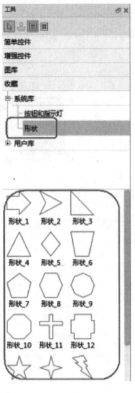

图 6-16　系统库的形状图

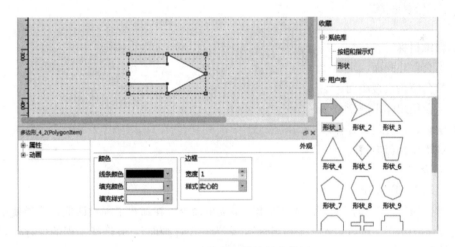

图 6-17　系统库中的控件的使用

（1）从工具栏中拖出一个原生的按钮控件到画面中。

（2）然后选择图形模式，用图片美化按钮。

（3）组态好按钮后，选中按钮，单击右键，此时可以看到"加入收藏"操作。加入收藏如图 6-18 所示。

（4）单击即可将组态好的按钮加入用户自定义库中，此时，会弹出一个对话框，可以给组态好的控件重命名。

（5）确定后，可以在工具窗口的"收藏"→"用户库"中查看到刚才添加的自定义按钮。

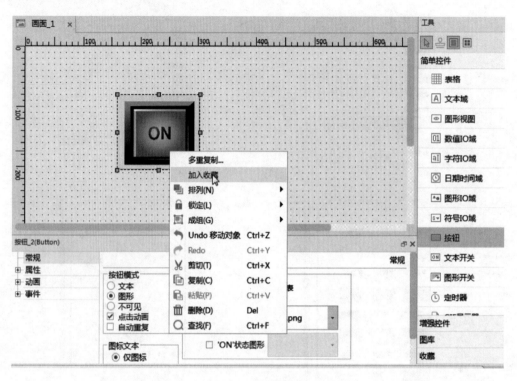

图 6-18　加入收藏

 技能训练

一、训练目标

（1）学会创建画面。

（2）学会使用模板画面。

（3）学会使用弹出画面。

（4）学会设计自定义控件。

二、训练步骤与内容

1. 创建新工程

（1）启动 InoTouchPad 软件。

（2）单击执行"工程"菜单下的"新建"子菜单命令，在新建工程对话框，选择使用的触摸屏设备类型 IT7070E，然后输入"工程名称"，名为"设计画面"，并选择工程的保存位置，单击"确定"按钮，创建新工程。

2. 建立连接

（1）双击项目窗口"通讯"文件夹中的"连接"图标，打开连接编辑器。

（2）单击连接编辑器连接表上方的" + "添加连接按钮，可以添加一个新的"连接"，添加新连接。

（3）修改连接名称为"TEST_6"，单击通讯协议栏右边的下拉列表箭头，选择"H5U Qlink TCP 协议"。

3. 创建变量

（1）打开工程视图左侧目录树"通讯"节点中的"变量"节点。

项目六

（2）打开变量的子选项，系统默认已建立"变量组_2"，用户也可根据自身建立的工程需要添加变量组；双击变量组_2，打开变量编辑器。

（3）创建的 TEST_6 工程变量，见表 6-1。

表 6-1　　　　　　　　　　　　TEST_6 工程变量

名称	连接	数据类型	地址
M0	TEST_6	Bool	M0
M1	TEST_6	Bool	M1
D2	TEST_6	Int16	D2

4. 使用模板画面

（1）单击左侧工程视图中的树节点"画面"→"模板画面"子项，展开并双击"添加模板画面"图标，创建模板 1 画面。

（2）在此模板画面中建立"文本域"，输入文字"模板画面 1"，创建文本域，如图 6-19 所示。

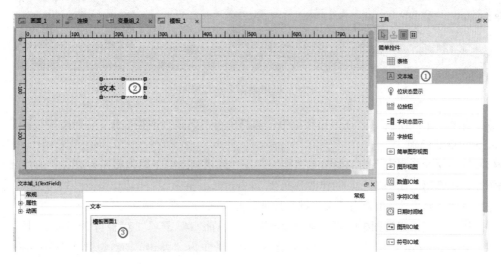

图 6-19　创建文本域

①—在工具窗口找到"文本域"；②—拖曳文本域控件至模板画面 1；

③—在文本域的常规属性中文本框内输入"模板画面 1"；

④—在模板画面 1 添加一个矩形条，设置外观属性，填充颜色选蓝色，填充样式选实心填充

（3）单击左侧工程视图中的树节点"画面"→"画面_1"子项，双击打开画面，在属性中"常规"→"设置"→"模板"中，可以设置已经创建的模板画面"模板_1"。

（4）执行离线模拟，可见模板画面已经被画面 1 成功调用，观察离线模拟结果。

（5）鼠标移动到状态栏"HMIRuntime"图标上方，单击"HMIRuntime"图标弹出窗口的红色"×"退出按钮，退出离线触摸屏离线模拟。

（6）单击状态栏"HMISimulator"图标，弹出"HMISimulator"PLC 仿真器，单击其右上角的"×"退出按钮，关闭 PLC 仿真器；鼠标移动到状态栏"HMIRuntime"图标上方，单击"HMIRuntime"图标弹出窗口的红色"×"退出按钮，退出触摸屏离线模拟，如图 6-20 所示。

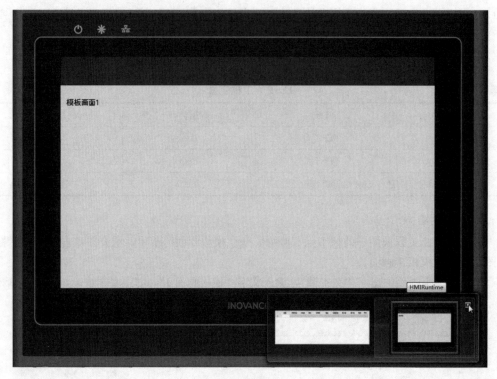

图 6-20　退出触摸屏离线模拟

（7）右键单击"模板1"，在弹出菜单中，选择执行"删除"子菜单命令，删除模板画面1。

5. 使用弹出画面

（1）找到左侧工程视图中的树节点"画面"→"弹出画面"子项，展开并双击"添加弹出画面"图标，在弹出画面子项下，创建"画面2"。

（2）在此"画面2"中建立"文本域"控件，并命名为"弹出画面2"。

（3）找到左侧工程视图中的树节点"画面"→"画面_1"子项，双击打开画面，建立"按钮"控件，修改按钮文本属性，"OFF状态文本"属性为"弹出"，创建弹出按钮如图 6-21 所示。

图 6-21　创建弹出按钮

（4）单击按钮控件，在属性框中选择"事件"→"单击"→"画面"→"ShowPopup"函数即可使用以上设置好的弹出画面"画面_2"。

（5）执行离线模拟，单击"弹出"按钮，观察弹出画面的调用。

（6）单击弹出画面的红色"×"关闭按钮，关闭弹出画面。

（7）退出触摸屏离线仿真。

6. 创建自定义控件

（1）从工具栏中拖出一个原生的按钮控件到画面中，拖曳按钮如图 6-22 所示。

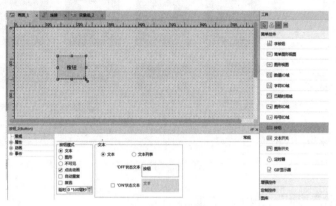

图 6-22　拖曳按钮

（2）修改按钮常规属性。

1）单击"按钮模式"下的图形。

2）单击"OFF 状态图形"右边下拉箭头，拉弹出的对话框中，单击"从文件创建新图形"按钮，从文件创建新图形如图 6-23 所示。

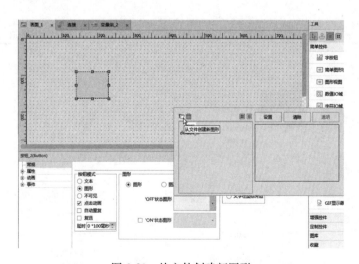

图 6-23　从文件创建新图形

3）在弹出的按钮图形文件中，选择"1-1. png"红色立体按钮图形，选择按钮图形如图 6-24所示。单击打开按钮，确定"OFF"状态的图形。

图 6-24　选择按钮图形

4）勾选"ON状态图形"左边的复选框。

5）单击"ON状态图形"右边下拉箭头，在弹出的对话框中，单击"从文件创建新图形"按钮，在弹出的按钮图形文件中，选择"3-1.png"绿色立体按钮图形。单击打开按钮，确定"ON"状态的图形。

（3）加入收藏。

1）组态好按钮后，选中按钮，单击右键，选择执行"加入收藏"子菜单命令，如图 6-25 所示。

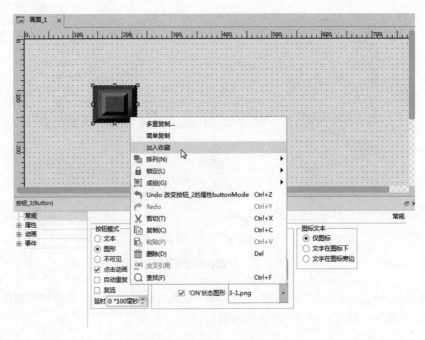

图 6-25　加入收藏

2）在弹出的加入收藏对话框的库名中，输入"按钮_1"，新按钮命名如图 6-26 所示。

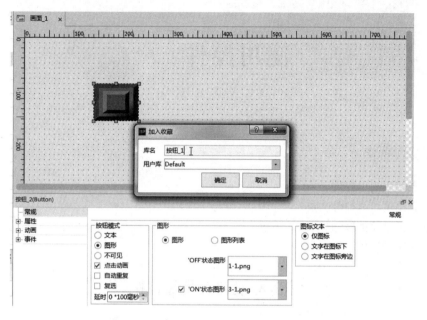

图 6-26　新按钮命名

3）单击"确定"按钮，按钮_1 加入用户库。

4）确定后，可以在工具栏的"收藏"→"用户库"中查看到刚才添加的自定义按钮——按钮_1。

5）当在本工程或其他工程中，需要再次用到 ON（按钮），可直接在用户库中，将其拖到画面使用，无需再次组态。

此外，若进行收藏的自定义控件组态了配方、数据记录、报警记录、脚本、报表、文本列表、图形列表，在其他工程中使用该收藏控件时，会自动创建这些关联数据，控件关联了变量，使用收藏控件时，也会自动创建关联的变量及变量所对应的连接。

习题 6

（1）如何创建和使用模板画面？

（2）如何创建和使用弹出画面？

（3）创建一个文本模式的按钮，OFF 状态时显示"OFF"，ON 状态时显示"ON"，创建好的新按钮加入用户库。

项目七　使用控件

 学习目标

（1）学会使用简单控件。

（2）学会使用增强控件。

（3）学会设置控件属性。

（4）学会调试控件。

任务8　使用触摸屏控件

一、控件

1. 简单控件

简单控件包括直线、折线、多边形等 21 种控件，简单控件如图 7-1 所示。

（1）直线。"直线"是一个开放的对象。直线的长度和斜率由包围矩形高宽定义。

"直线"的两个端点角各有一个蓝色的点，拖动它可以直接改变其位置。

在直线属性视图中的"属性"对话框中，可以设置外观、布局等的属性。

直线属性的设置见表 7-1。

简单控件		
╱ 线	◉ 简单图形视图	
◿ 折线	🖻 图形视图	
⬡ 多边形	01 数值IO域	
⬭ 椭圆	a 字符IO域	
▭ 矩形	🕓 日期时间域	
⋔ 贝塞尔曲线	📷 图形IO域	
⊞ 表格	S▾ 符号IO域	
Ⓐ 文本域	▭ 按钮	
◉ 位状态显示	ON 文本开关	
H▭ 位按钮	🖼 图形开关	
⊟ 字状态显示	⏱ 定时器	
123 字按钮	GIF GIF显示器	

图 7-1　简单控件

表 7-1　　　　　　　　　　　　　直线属性的设置

属性项名称			描述	补充说明
	颜色	线条颜色	直线的颜色	只有在组态了闪烁功能时，才会起作用，在"线条颜色"和"填充颜色"之间闪烁
		填充颜色	直线的填充颜色	
外观	边框	宽度	画笔宽度	值范围：1～30，默认值：1
		样式	画笔样式，一共有 5 种样式，即实心的、虚线、点线、虚点线、虚点点线	默认为实心的
		线起始点	有两种类型：标准和箭头	默认为标准
		线结束点	有两种类型：标准和箭头	默认为标准
		线末端形状	有两种类型：正方形和圆形	默认为正方形

续表

属性项名称			描述	补充说明
布局	起始点	X	直线起始点到画面左边缘的水平距离	以像素为单位
		Y	直线起始点到画面上边缘的垂直距离	
	结束点	X	直线结束点到画面左边缘的水平距离	
		Y	直线结束点到画面上边缘的垂直距离	
闪烁	运行时外观	闪烁	有"标准"和"无"两种模式	当没有选择过程变量时,闪烁属性按照所设置模式执行,选择了过程变量,该设置无效
	过程	变量	过程变量	过程变量,值为1时闪烁
其他	其他	图层	对象当前所在的图层	对象所处的画面层,值范围:0~31,默认值:0
		z 值	z 值	控件在 z 轴方向的一个序号,值越大,控件显示越靠前
		透明度	显示的清晰度	值范围:1~100,默认值:100,0 表示透明,100 表示不透明

（2）折线。"折线"由互相连接的段组成,可以拥有任意数目转角（按照其创建顺序被一一编号）。"折线"每个转角各有一个蓝色的点,拖动它可以直接改变其位置。"折线"是开放的对象。虽然始点和结束点可能重合在同一个坐标,但是不能填充由线定义的区域。

在属性视图中的"属性"对话框中,可以设置折线的外观、布局、闪烁等。

（3）多边形。"多边形"是一个可以填充背景颜色的闭合对象。"多边形"的转角按照创建顺序被编号。每个转角各有一个蓝色的点,拖动它直接可以改变其位置。

在属性视图中的"属性"对话框中,可以设置多边形的外观、布局、闪烁等。

（4）椭圆。"椭圆"是一个可以填充背景颜色的闭合对象。

在属性视图中的"属性"对话框中,可以设置椭圆的外观、布局、形状、闪烁等。

（5）矩形。"矩形"是一个可以填充背景颜色的长方形闭合对象。

在属性视图中的"属性"对话框中,可以设置矩形的外观、布局、形状、闪烁等。

（6）贝塞尔曲线。"贝塞尔曲线"显示贝塞尔曲线。"贝塞尔曲线"的转角按照创建顺序被一一编号。每个转角各有一个蓝色的点,拖动它可以直接改变其位置。

在属性视图中的"属性"对话框中,可以设置贝塞尔曲线的外观、布局、闪烁等,贝塞尔曲线属性的设置见表 7-2。

表 7-2　　　　　　　　　　　　　贝塞尔曲线属性的设置

属性项名称			描述	补充说明
外观	颜色	线条颜色	即贝塞尔曲线的线条颜色	
		填充颜色	贝塞尔曲线背景的填充颜色	只有在组态了闪烁功能时,才会起作用,在"线条颜色"和"填充颜色"之间闪烁
	边框	宽度	边框线的宽度	
		样式	一共有 5 种样式,即实心的、虚线、点线、虚点线、虚点点线	默认为实心的

续表

属性项名称			描述	补充说明
布局	位置	X轴位置	贝塞尔曲线的拐点处到画面左边缘的水平距离	以像素为单位
		Y轴位置	贝塞尔曲线的拐点处到画面上边缘的垂直距离	
闪烁	运行时外观	闪烁	有"标准"和"无"两种模式	当没有选择过程变量时，闪烁属性按照所设置模式执行，选择了过程变量，该设置无效
	过程	变量	过程变量	过程变量，值为1时闪烁
其他	其他	图层	对象当前所在的图层	对象所处的画面层，值范围：0～31，默认值：0
		z值	z值	控件在z轴方向的一个序号，值越大，控件显示越靠前
		透明度	显示的清晰度	值范围：1～100，默认值：100，0表示透明，100表示不透明

贝塞尔曲线"布局"属性"角"的设置，如图7-2所示。

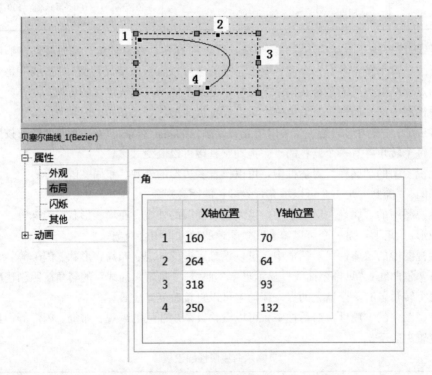

图7-2　贝塞尔曲线"布局"属性"角"的设置

（7）表格。"表格"用于显示表格。

1）在属性视图中的"常规"对话框中，可以设置相应表格的行数、列数。行数、列数可设置范围为1～100。

2）在属性视图中的"属性"对话框中，可以设置表格的颜色、边框、布局、闪烁等属性。

（8）文本域。"文本域"是一个封闭的对象，可以在其中输入一行或多文字，并可以定义文本的字体和颜色；同时，还可填充文本的背景及边框颜色，可为所有已组态的语言输入文本。

1）在属性视图中的"常规"对话框中，可以输入用于标签域的文本（任意长度的文本，文本的实际长度取决于对象的大小）。

2）在属性视图中的"属性"对话框中，可以设置文本域的属性，见表 7-3。

表 7-3 文本域的属性

属性项名称			描述	补充说明
外观	填充	文本颜色	文本显示颜色	
		背景色	矩形闭合区域的填充颜色	只有在组态了闪烁功能时，才会起作用，在"线条颜色"和"填充颜色"之间闪烁
		填充样式	提供多种填充样式供选择	单击下拉框可以浏览样式
布局	位置	X	矩形框左上角的顶点到画面左边缘的水平距离	以像素为单位
		Y	矩形框左上角的顶点到画面上边缘的垂直距离	
	尺寸	宽度	矩形框的宽度	
		高度	矩形框的高度	
	大小	自动调整大小	设置是否自动调整大小	自动调整大小会根据文本内容自动调整大小使之显示完整
文本	字体	字体	设置显示文本的字体	
	对齐	水平	设置文本水平方向的对齐方式：居左、居中、居右	
		垂直	设置文本垂直方向的对齐方式：顶部、中间、底部	
走马灯	走马灯	速度	走马速度	以像素为单位
		方向	可以设置 5 个方向：无方向、从左到右、从右到左、从上到下、从下到上	
	过程	变量	用于控制过程的变量	以像素为单位
		数值 ON	设置控制过程变量的数值	当控制变量满足设置的"数值 ON"时开始走马
闪烁	运行时外观	闪烁	有"标准"和"无"两种模式	当没有选择过程变量时，闪烁属性按照所设置模式执行，选择了过程变量，该设置无效
	过程	变量	过程变量	过程变量，值为 1 时闪烁
样式	样式	样式	设置文本显示样式	提供了 3 种样式参考
其他	其他	图层	对象当前所在的图层	对象所处的画面层，值范围：0～31，默认值：0
		z 值	z 值	控件在 z 轴方向的一个序号，值越大，控件显示越靠前
		透明度	显示的清晰度	值范围：1～100，默认值：100，0 表示透明，100 表示不透明

（9）图形视图。"图形视图"用于显示图形。

1）在属性视图中的"常规"对话框中，可以显示图片，图形视图设置如图 7-3 所示。

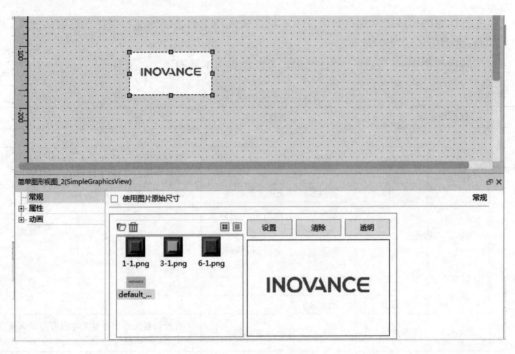

图 7-3 图形视图设置

▱表示打开文件浏览器导入图片。🗑表示删除选择的图片。▦表示用缩略图显示图片。
▤表示用列表方式显示图片。设置按钮用于设置显示的图片。清除按钮用于清除当前显示的图片。

2）在属性视图中的"属性"对话框中，可以设置图形视图的外观、布局、闪烁、图层、透明度等属性。

此外，在画面中的图形视图上，用鼠标配合按键操作以下7个设置点，也可对图形视图进行设置。7个设置点如图7-4所示。

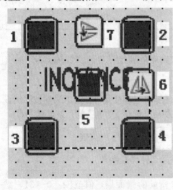

图 7-4 7个设置点

操作图形视图1处：用鼠标选中1处（按住鼠标左键）进行拖拽，可调整大小或画面平面旋转，按住 Shift 键进行拖拽1处，只调整图形视图大小，按住 Ctrl 键进行拖拽1处，只旋转图形视图，双击1处，旋转恢复到未旋转的初始状态。

操作图形视图2、3、4处：与操作1处功能一致。

操作图形视图5处：用鼠标选中5处进行拖拽，可在垂直于画面平面旋转，双击5处，旋转恢复到未旋转的初始状态。

操作图形视图6处：用鼠标单击6处，图形视图水平翻转。

操作图形视图7处：用鼠标单击7处，图形视图垂直翻转。

（10）数值 IO 域。"数值 IO 域"用于输入并显示过程值。

1）在属性视图中的"常规"对话框中，可以设置"数值 IO 域"类型、过程、格式等常规属性。

2）在属性视图中的"属性"对话框中，可以设置外观、布局、文本、闪烁、限制、样式等属性。

（11）字符 IO 域。"字符 IO 域"用于输入并显示过程值。

1）在属性视图中的"常规"对话框中，可以设置类型、过程相应的属性。

2）在属性视图中的"属性"对话框中，可以设置外观、布局、文本、闪烁、安全、样式等属性。

（12）日期时间域。"日期时间域"用于输入并显示时间日期。

1）在属性视图中的"常规"对话框中，可以设置类型、过程、格式相应的属性。

2）在属性视图中的"属性"对话框中，可以设置外观、布局、文本、闪烁、安全、样式等对应的属性。

（13）图形IO域。"图形IO域"对象可用于图形列表中组态的多张图片显示多种不同的状态。

1）在属性视图中的"常规"对话框中，可以设置图形IO域相应的属性，见表7-4。

表7-4　　　　　　　　　　　　　　　图形IO域的常规设置

属性项名称			描述	补充说明
常规	设置	模式	输入输出模式	值范围：输出＋输入＋输入/输出。 默认值：输入/输出
	过程	变量	过程变量	默认为空，变量类型：int16，uint16，int32，uint32，float，double，bool，不支持数组
		位号	过程变量位号	只有图形列表选择"位（0，1）"时才可编辑。 值范围：Word：0-15 DWord：0-31。 默认值：0
	显示	图形列表	关联图形列表	默认值为空
		滚动条方向	滚动条方向	值范围：垂直的/水平的。 默认值：垂直的

2）在属性视图中的"属性"对话框中，可以设置对应的属性，见表7-5。

表7-5　　　　　　　　　　　　　　　图形IO域的属性设置

属性项名称			描述	补充说明
外观	填充	背景色	对象背景色	
		填充样式	背景填充样式	
布局	位置	X	对象X位置	以像素为单位，不能超出画面范围
		Y	对象Y位置	
	尺寸	宽度	对象宽	
		高度	对象高	
闪烁	运行时外观	闪烁	有"标准"和"无"两种模式	当没有选择过程变量时，闪烁属性按照所设置模式执行，选择了过程变量，该设置无效
	过程	变量	过程变量	过程变量，值为1时闪烁
其他	其他	图层	对象当前所在的图层	对象所处的画面层，值范围：0~31，默认值：0
		z值	z值	控件在z轴方向的一个序号，值越大，控件显示越靠前
		透明度	显示的清晰度	值范围：1~100，默认值：100，0表示透明，100表示不透明
安全	运行系统安全	权限	运行系统权限	默认值为空。输出模式下不可组态。只有相应权限的用户组中的用户才可操作
	操作	启用	设置是否启用	设置了启用才能输入操作。不启用则不能进行输入操作
		权限控制可见性	设置是否使用权限控制可见性	勾选后需要权限用户登录后才显示对象

（14）符号 IO 域。"符号 IO 域"用来组态运行时于输入和输出文本的选择列表。

1）在属性视图中的"常规"对话框中，可以设置类型、过程、显示相应的属性。

2）在属性视图中的"属性"对话框中，可以设置外观、布局、文本、闪烁、限制、安全、样式等属性。

（15）按钮。"按钮"是运行时执行指定命令的对象。

有文本按钮、图形按钮和不可见 3 种按钮显示方式供选择，按钮显示方式如图 7-5 所示。

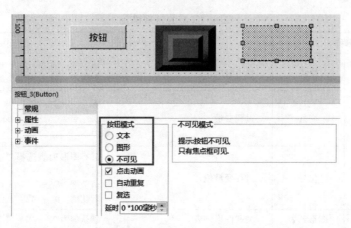

图 7-5　按钮显示方式

1）在属性视图中的"常规"对话框中，可以设置按钮相应的属性，见表 7-6。

表 7-6　　　　　　　　　　　　　　　按钮常规属性设置

属性项名称		描述	补充说明
常规	按钮模式	文本	文本/文本列表	选择文本时，可编辑设置 OFF/ON 文本，ON 文本可选；选择文本列表时，可通过过程变量控制显示文本列表中的指定文本
		图形	图形/图形列表	选择图形时，可编辑设置 OFF/ON 状态图形，ON 状态图形可选；选择图形列表时，可通过过程变量控制显示图形列表中的指定图形。此外，选择该模式，可设置仅图标、文字在图标下、文字在图标旁
		不可见	勾选时，运行系统中按钮不可见	

另外，常规属性中，还可设置按钮"点击动画""自动重复"，勾选"点击动画"，运行时，单击按钮有放大、缩小的动画效果，勾选"自动重复"，按下按钮时，可一直重复触发事件。

2）在属性视图中的"属性"对话框中，可以设置对应的属性，见表 7-7。

表 7-7　　　　　　　　　　　　　　　按钮属性设置

属性项名称		描述	补充说明
外观	填充	文本颜色	文本显示颜色	
		背景色	矩形闭合区域的填充颜色	只有在组态了闪烁功能时，才会起作用，在"线条颜色"和"填充颜色"之间闪烁
		填充样式	提供多种填充样式供选择	单击下拉框可以浏览样式

	属性项名称		描述	补充说明
布局	位置	X	矩形框左上角的顶点到画面左边缘的水平距离	以像素为单位
		Y	矩形框左上角的顶点到画面上边缘的垂直距离	
	尺寸	宽度	矩形框的宽度	
		高度	矩形框的高度	
	大小	自动调整大小	设置是否自动调整大小	自动调整大小会根据"字符域长度"调整大小
文本	字体	字体	设置显示文本的字体	
闪烁	运行时外观	闪烁	有"标准"和"无"两种模式	当没有选择过程变量时,闪烁属性按照所设置模式执行,选择了过程变量,该设置无效
	过程	变量	过程变量	过程变量,值为1时闪烁
样式	样式	样式	设置按钮显示样式	提供了7种样式参考
其他	其他	图层	对象当前所在的图层	对象所处的画面层,值范围:0~31,默认值:0
		z值	z值	控件在z轴方向的一个序号,值越大,控件显示越靠前
		透明度	显示的清晰度	值范围:1~100,默认值:100,0表示透明,100表示不透明
安全	运行系统安全	权限	指派可操作权限的用户	
	操作	启用	设置是否启用	设置了启用才能输入操作。不启用则不能进行输入操作
		权限控制可见性	设置是否使用权限控制可见性	勾选后需要权限用户登录后才显示对象

（16）文本开关。"文本开关"用于组态开关，运行时可以在两种预定义的状态之间进行切换。可通过文本将"开关"对象的当前状态可视化。

1）在属性视图中的"常规"对话框中，可以设置相应的属性，见表7-8。

表7-8 **文本开关常规属性设置**

	属性项名称		描述	补充说明
常规	文本	"ON"状态文本	当状态为"ON"时显示的文本	
		"OFF"状态文本	当状态为"OFF"时显示的文本	
	过程	变量	用于控制过程的变量	
		数值ON	当设置的变量满足设置的数值时,状态为"ON"	默认为1,且不支持编辑

2）在属性视图中的"属性"对话框中，可以设置对应的属性，见表7-9。

表7-9 **文本开关属性设置**

	属性项名称		描述	补充说明
外观	填充	文本颜色	文本显示颜色	
		背景色	矩形闭合区域的填充颜色	只有在组态了闪烁功能时,才会起作用,在"线条颜色"和"填充"颜色"之间闪烁

续表

属性项名称			描述	补充说明
布局	位置	X	矩形框左上角的顶点到画面左边缘的水平距离	以像素为单位
		Y	矩形框左上角的顶点到画面上边缘的垂直距离	
	尺寸	宽度	矩形框的宽度	
		高度	矩形框的高度	
	大小	自动调整大小	设置是否自动调整大小	自动调整大小会根据"字符域长度"调整大小
文本	字体	字体	设置显示文本的字体	
闪烁	运行时外观	闪烁	有"标准"和"无"两种模式	当没有选择过程变量时，闪烁属性按照所设置模式执行，选择了过程变量，该设置无效
	过程	变量	过程变量	过程变量，值为1时闪烁
限制	颜色	上限以上的颜色	设置过程变量超过上限以上的颜色	
		下限以下的颜色	设置过程变量超过下限以下的颜色	
其他	其他	图层	对象当前所在的图层	对象所处的画面层，值范围：0～31，默认值：0
		z 值	z 值	控件在 z 轴方向的一个序号，值越大，控件显示越靠前
		透明度	显示的清晰度	值范围：1～100，默认值：100，0 表示透明，100 表示不透明
安全	运行系统安全	权限	指派可操作权限的用户	
	操作	启用	设置是否启用	设置了启用才能输入操作。不启用则不能进行输入操作
		权限控制可见性	设置是否使用权限控制可见性	勾选后需要权限用户登录后才显示对象

（17）图形开关。"图形开关"用于组态开关，运行时可以在两种预定义的状态之间进行切换。可通过图形将"开关"对象的当前状态可视化。

1）在属性视图中的"常规"对话框中，可以设置相应的属性，见表7-10。

表 7-10　　　　　　　　　　　**图形开关常规属性设置**

属性项名称		描述	补充说明
常规	图形	"ON"状态图形	当状态为"ON"时显示的图形	
		"OFF"状态图形	当状态为"OFF"时显示的图形	
	过程	变量	用于控制过程的变量	
		数值 ON	当设置的变量满足设置的数值时，状态为"ON"	默认为1，且不支持编辑

2）在属性视图中的"属性"对话框中，可以设置对应的属性，见表7-11。

表 7-11 图形开关属性设置

属性项名称			描述	补充说明
外观	填充	文本颜色	文本显示颜色	
		背景色	矩形闭合区域的填充颜色	只有在组态了闪烁功能时，才会起作用，在"线条颜色"和"填充颜色"之间闪烁
		填充样式	提供多种填充样式供选择	单击下拉框可以浏览样式
布局	位置	X	矩形框左上角的顶点到画面左边缘的水平距离	以像素为单位
		Y	矩形框左上角的顶点到画面上边缘的垂直距离	
	尺寸	宽度	矩形框的宽度	
		高度	矩形框的高度	
其他	其他	图层	对象当前所在的图层	对象所处的画面层，值范围：0~31，默认值：0
		z 值	z 值	控件在 z 轴方向的一个序号，值越大，控件显示越靠前
		透明度	显示的清晰度	值范围：1~100，默认值：100，0 表示透明，100 表示不透明
安全	运行系统安全	权限	指派可操作权限的用户	
	操作	启用	设置是否启用	设置了启用才能输入操作。不启用则不能进行输入操作
		权限控制可见性	设置是否使用权限控制可见性	勾选后需要权限用户登录后才显示对象

（18）定时器。"定时器"用于设置定时触发事件，可单次或循环触发事件，组态的定时器只在组态画面生效，只有当组态定时器的画面显示时，才能正常定时触发事件，当离开组态定时器的画面，定时器不再生效，只有再次回到组态定时器的画面，才会继续生效，即定时器是局部定时触发，而需要全局定时触发事件，可在调度器中设置定时作业。

1）在属性视图中的"常规"对话框中，可以设置相应的属性，见表 7-12。

表 7-12 定时器常规属性设置

属性项名称		描述	补充说明
常规	设置 时间间隔	定时器的时间间隔，范围为 1~600，单位 100ms	
	单次触发	勾选时只定时一次，否则循环定时	
	过程 变量	用于控制过程的变量	
	数值 ON	当设置的变量满足设置的数值时开始计时	默认为 1，且不支持编辑

2）在属性视图中的"属性"对话框中，可以设置对应的属性，见表 7-13。

69

表 7-13 定时器属性设置

属性项名称			描述	补充说明
外观	填充	文本颜色	文本显示颜色	
		背景色	矩形闭合区域的填充颜色	只有在组态了闪烁功能时，才会起作用，在"线条颜色"和"填充颜色"之间闪烁
		填充样式	提供多种填充样式供选择	单击下拉框可以浏览样式
布局	位置	X	矩形框左上角的顶点到画面左边缘的水平距离	以像素为单位
		Y	矩形框左上角的顶点到画面上边缘的垂直距离	
	尺寸	宽度	矩形框的宽度	
		高度	矩形框的高度	
其他	其他	图层	对象当前所在的图层	对象所处的画面层，值范围：0～31，默认值：0
		z 值	z 值	控件在 z 轴方向的一个序号，值越大，控件显示越靠前
		透明度	显示的清晰度	值范围：1～100，默认值：100，0 表示透明，100 表示不透明

（19）GIF 显示器。"GIF 显示器"用于显示 GIF 图片。

1）在属性视图中的"常规"对话框中，可以设置相应的属性，见表 7-14。

表 7-14 GIF 显示器常规属性设置

属性项名称			描述	补充说明
常规	过程	变量	用于控制过程的变量	
		数值 ON	当设置的变量满足设置的数值时开始显示动态 gif	默认为 1，且不支持编辑

2）在属性视图中的"属性"对话框中，可以设置外观、布局等对应的属性，见表 7-15。

表 7-15 GIF 显示器属性设置

属性项名称			描述	补充说明
外观	填充	文本颜色	文本显示颜色	
		背景色	矩形闭合区域的填充颜色	只有在组态了闪烁功能时，才会起作用，在"线条颜色"和"填充颜色"之间闪烁
		填充样式	提供多种填充样式供选择	单击下拉框可以浏览样式
布局	位置	X	矩形框左上角的顶点到画面左边缘的水平距离	以像素为单位
		Y	矩形框左上角的顶点到画面上边缘的垂直距离	
	尺寸	宽度	矩形框的宽度	
		高度	矩形框的高度	
其他	其他	图层	对象当前所在的图层	对象所处的画面层，值范围：0～31，默认值：0
		z 值	z 值	控件在 z 轴方向的一个序号，值越大，控件显示越靠前
		透明度	显示的清晰度	值范围：1～100，默认值：100，0 表示透明，100 表示不透明

2. 增强控件

增强控件包括18种复杂控件，如图7-6所示。

图7-6　增强控件

（1）棒图。棒图用于监视过程量在预定义范围的过程值。

1）在属性视图中的"常规"对话框中，可以设置相应的属性，见表7-16。

表7-16　棒图常规属性设置

属性项名称			描述	补充说明
常规	刻度	最大值	设置棒图显示的最大刻度	有静态和变量两种选择，当使用变量时，静态设置框会被禁用
		最小值	设置棒图显示的最小刻度	
	过程	变量	设置用于显示的过程变量	
	颜色&位置	棒图背景色	设置棒图背景颜色	
		正常值颜色	设置过程值在正常范围时显示的颜色	
		刻度位置	设置显示刻度的位置：无、居左、居右、顶部、底部	
		主刻度数	主刻度的间隔数	
		份数	主刻度间的份数	当刻度位置设置为"无"时，该项不能编辑
		进度条反转	勾选时棒条往相反方向增长	
		显示刻度值	勾选时显示刻度	

2）在属性视图中的"属性"对话框中，可以设置对应的属性，见表7-17。

表 7-17   **棒图属性设置**

属性项名称			描述	补充说明
外观	填充	文本颜色	文本显示颜色	
		背景色	矩形闭合区域的填充颜色	只有在组态了闪烁功能时，才会起作用，在"线条颜色"和"填充颜色"之间闪烁
		填充样式	提供多种填充样式供选择	单击下拉框可以浏览样式
布局	位置	X	矩形框左上角的顶点到画面左边缘的水平距离	以像素为单位
		Y	矩形框左上角的顶点到画面上边缘的垂直距离	
	尺寸	宽度	矩形框的宽度	
		高度	矩形框的高度	
文本	字体	字体	设置显示文本的字体	
闪烁	运行时外观	闪烁	有"标准"和"无"两种模式	当没有选择过程变量时，闪烁属性按照所设置模式执行，选择了过程变量，该设置无效
	过程	变量	过程变量	过程变量，值为1时闪烁
限制	颜色	上限以上的颜色	设置过程变量超过上限以上的颜色	
		下限以下的颜色	设置过程变量超过下限以下的颜色	
	设置	显示限制线	勾选时显示限制线	
		显示限制标记	勾选时显示限制标记	
其他	其他	图层	对象当前所在的图层	对象所处的画面层，值范围：0~31，默认值：0
		z 值	z 值	控件在 z 轴方向的一个序号，值越大，控件显示越靠前
		透明度	显示的清晰度	值范围：1~100，默认值：100，0 表示透明，100 表示不透明

（2）滚动条。利用"滚动"对象，可以监视和调整预先定义范围内的过程值。

1）在属性视图中的"常规"对话框中，可以设置刻度、过程、标记位置等相应的属性。

2）在属性视图中的"属性"对话框中，可以设置外观、布局、文本、限制、安全等对应的属性。

（3）进度条。进度条用来显示某过程的比例值。

1）在属性视图中的"常规"对话框中，可以设置刻度、过程、标记位置等相应的属性。

2）在属性视图中的"属性"对话框中，可以设置外观、布局、样式等对应的属性。

（4）旋钮。旋钮用于设置过程量的值。

1）在属性视图中的"常规"对话框中，可以设置刻度、过程、颜色等相应的属性，见表 7-18。

2）在属性视图中的"属性"对话框中，可以设置外观、布局、文本等对应的属性。

表 7-18 进度条常规属性设置

属性项名称			描述	补充说明
常规	刻度	最大值	设置旋钮显示的最大刻度	—
		最小值	设置旋钮显示的最小刻度	—
	过程	变量	设置用于显示的过程变量	—
	颜色	表针颜色	设置表针的颜色	—
		圆弧左侧颜色	设置旋钮左边圆弧的颜色	—
		圆弧右侧颜色	设置旋钮右边圆弧的颜色	—

(5) 量表。"量表"以模拟量形式显示过程变量的值。

1) 在属性视图中的"常规"对话框中，可以设置常规、字体、过程等相应的属性。

2) 在属性视图中的"属性"对话框中，可以设置外观、布局、刻度等对应的属性。

(6) 仪表。"仪表"以模拟量形式显示过程变量的值。

1) 在属性视图中的"常规"对话框中，可以设置刻度、过程、颜色等相应的属性。

2) 在属性视图中的"属性"对话框中，可以设置外观、布局、文本等对应的属性。

(7) 3D-饼图。"3D-饼图"用于显示多个过程变量的比例。

1) 在属性视图中的"常规"对话框中，可以设置相应的属性，见表 7-19。

表 7-19 3D-饼图常规属性设置

属性项名称			描述	补充说明
常规	数据显示	样式	用于选择显示在每份饼图上的文本内容。可以选择：无、数值、百分比	—
		通道数量	设置饼图划分的份数	有几个通道就有几份，设置范围为 2～8 份

3D-饼图的常规属性设置如图 7-7 所示。

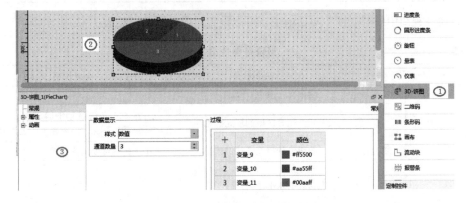

图 7-7　3D-饼图的常规属性设置

"过程"属性用于设置饼图和通道绑定的变量。通过单击过程设置"➕"按钮添加通道，最多可以添加设置的"通道数量"。添加通道后可以设置通道"名称"、绑定的"变量"以及显示的"颜色"。

2) 在属性视图中的"属性"对话框中，可以设置外观、布局等对应的属性。

(8) 二维码。"二维码"用二维码的形式表示字符串。

1) 在属性视图中的"常规"对话框中，可以设置相应的属性，见表 7-20。

表 7-20　　　　　　　　　　　　　　　　二维码常规属性设置

属性项名称			描述	补充说明
常规	设置	校准标准	设置校准级别：L、M、Q、H 四个级别	级别越高，容错率更高
	过程	变量	设置用于显示的过程变量	

2）在属性视图中的"属性"对话框中，可以设置外观、布局等对应的属性。

（9）画布。"画布"用于显示用脚本绘制的图形图案。

在属性视图中的"属性"对话框中，可以设置外观、布局等对应的属性。

（10）流动块。"流动块"用于动态显示流体的流动，蓝色小箭头指示流动的方向。

1）在属性视图中的"常规"对话框中，可以设置流动、过程等相应的属性。

2）在属性视图中的"属性"对话框中，可以设置管道、滚动条等对应的属性。

（11）报警条。"报警条"用于显示当前的报警。

1）在属性视图中的"常规"对话框中，可以设置相应的属性，见表 7-21。

表 7-21　　　　　　　　　　　　　　　　报警条常规属性设置

属性项名称			描述	补充说明
常规	显示	滚动速度	设置报警产生时文本移动的速度，以像素为单位	
		滚动方向	设置报警文本滚动的方向：从右到左、从左到右	
		报警顺序	设置报警显示顺序：时间顺序、时间逆序	
		时间	设置报警文本是否显示时间	
		日期	设置报警文本是否显示日期	
		消息	设置报警文本是否显示消息	

2）在属性视图中的"属性"对话框中，可以设置对应的属性，见表 7-22。

表 7-22　　　　　　　　　　　　　　　　报警条属性设置

属性项名称			描述	补充说明
外观	填充	文本颜色	文本显示颜色	
		背景色	矩形闭合区域的填充颜色	只有在组态了闪烁功能时，才会起作用，在"线条颜色"和"填充颜色"之间闪烁
		填充样式	提供多种填充样式供选择	单击下拉框可以浏览样式
布局	位置	X	矩形框左上角的顶点到画面左边缘的水平距离	以像素为单位
		Y	矩形框左上角的顶点到画面上边缘的垂直距离	
	尺寸	宽度	矩形框的宽度	
		高度	矩形框的高度	
闪烁	运行时外观	闪烁	有"标准"和"无"两种模式	当没有选择过程变量时，闪烁属性按照所设置模式执行，选择了过程变量，该设置无效
	过程	变量	过程变量	过程变量，值为 1 时闪烁

属性项名称		描述	补充说明
其他	其他 图层	对象当前所在的图层	对象所处的画面层，值范围：0～31，默认值：0
	z 值	z 值	控件在 z 轴方向的一个序号，值越大，控件显示越靠前
	透明度	显示的清晰度	值范围：1～100，默认值：100，0 表示透明，100 表示不透明

（12）用户视图。"用户视图"用于在运行系统上管理用户。

组态用户视图如下：

1）单击右侧工具箱中"增强控件"→"用户视图"拖拽至画面中，在画面上添加"用户视图"。

2）"用户视图"属性设置。"用户视图"的属性包括常规、属性、动画三部分。

常规设置可设置如下参数：①前景色：设置用户视图表格前景色。②背景色：设置用户视图表格背景色。③表头前景色：设置用户视图表头前景色。④表头背景色：设置用户视图表头背景色。⑤字体：设置用户视图中表格内容及表头文本的文字样式和大小。

用户视图属性设置见表 7-23。

表 7-23　　　　　　　　　　　　　　用户视图属性设置

属性项名称			描述	补充说明
布局	位置	X	矩形框左上角的顶点到画面左边缘的水平距离	以像素为单位
		Y	矩形框左上角的顶点到画面上边缘的垂直距离	
	尺寸	宽度	矩形框的宽度	
		高度	矩形框的高度	
其他	其他	图层	对象当前所在的图层	对象所处的画面层，值范围：0～31，默认值：0
		z 值	z 值	控件在 z 轴方向的一个序号，值越大，控件显示越靠前
		透明度	显示的清晰度	值范围：1～100，默认值：100，0 表示透明，100 表示不透明

二、控件常用操作

1. 菜单栏/工具栏

画面菜单栏"格式"，在画面模块内部对多个选定的控件实施管理，有对齐、布置、大小、锁定、排列、成组、选中和旋转等，见表 7-24。

表 7-24　　　　　　　　　　　　　　多控件的格式设置

属性			描述	约束
对齐	水平	顶部	将对象与参考对象的顶部边缘对齐	至少选定两个对象
		水平居中	水平方向中心对齐对象。对象沿公共水平中心轴居中对齐	
		底部	将对象与参考对象的底部边缘对齐	
	垂直	居左	将对象与参考对象的左边缘对齐	
		垂直居中	垂直方向中心对齐对象。对象沿公用的垂直中心坐标轴中心对齐	
		居右	将对象与参考对象的右边缘对齐	

续表

属性		描述	约束
布置	横向等距	使控件之间的水平间隔距离相等	至少选中3个对象
	纵向等距	使控件之间的垂直间隔距离相等	
大小	等宽	根据参考对象调整对象的宽度	至少选定2对象，最后选定的为参考对象
	等高	根据参考对象调整对象的高度	
	等大小	根据参考对象调整对象的宽度和高度	
锁定	锁定	锁定对象不可移动	锁定和解锁互斥，只有一个有效，即锁定时解锁有效，解锁时锁定有效
	解锁	解锁后对象可以移动	
排列	置于顶层	在层中将对象移动到前面	Z值改变，控件谁在前在后和画面层不是一个概念
	前移一层	将对象向前移动一个位置	
	后移一层	将对象向后移动一个位置	
	置于底层	在层中将对象移动到后面	
成组	成组	组合选定对象	至少选定两个对象
	取消成组	删除编组	
选中	全选	选中当前画面所有控件	按Shift＋鼠标左键，多选
	全不选	取消所有选中控件	
	反选	反选	
旋转	旋转	旋转所选对象	选定一个对象时有效

工具栏有与"格式"菜单功能对应的快捷命令按钮，工具栏的格式按钮如图7-8所示。

图7-8 工具栏的格式操作按钮

工具栏的放大、缩小快捷按钮用于放大或缩小当前画面。

显示网格与网格对齐，这两个功能和菜单栏选项/设置/画面选项中的设置功能相同。

显示网格，就是画面背景显示网格，网格对齐就是新建对象与鼠标移动控件时要落在网格上。

2. 控件动画属性

动画，用来控制对象在运行系统中是否可见、是否可操作、是否可移动、如何移动等；不同的对象有其不同的动画属性，主要有以下9项动画功能，见表7-25。

表 7-25   控件动画设置

动画名称	描述
外观变化	定义在运行系统中动态控制对象的前景色、背景色以及其闪烁属性
启用对象	定义在运行系统中对象是否可用
对角线移动	定义动态对象路径移动
水平移动	定义动态对象路径移动
垂直移动	定义动态对象路径移动
直接移动	对象沿着 X 和 Y 坐标轴移动特定数目的像素
可见性	定义在变量范围内启用对象
自定义移动	对象沿着自定义的坐标点进行移动
动态移动	组态变量 X_1，X_2，Y_1，Y_2 的值来控制直线位置的动态变化（只适用于直线对象）

项目七

组态动画属性时，对于对角线移动、水平移动、垂直移动、直接移动、自定义移动和动态移动6种移动方式，只能组态其中一种移动方式。

（1）外观变化。用户可以通过改变变量值的方式来动态地控制对象的外观，包括前景色、背景色、闪烁。为对象外观组态一个变量，当变量的值在组态的"值"范围内显示其对应的外观，否则显示默认外观（属性中设置的"外观"）。

按钮对象的"外观变化"属性图，如图7-9所示。

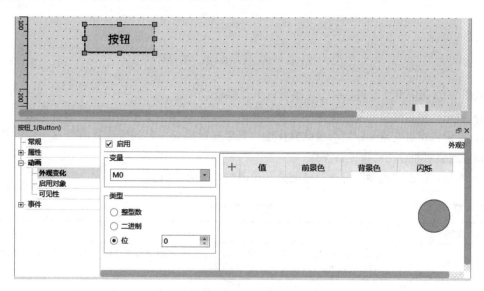

图7-9　按钮对象的"外观变化"属性图

从图7-9中可以看到，组态主要有以下几部分：

1）启用。勾选前面的复选框启用对象的外观变化设置。

2）变量。组态变量来控制对象的外观。

3）类型。组态类型可选择整型数、二进制和位3种，见表7-26。

表 7-26　组态类型

类型	说明
整型数	根据变量的值或范围来控制对象外观。用户可以定义任意数目的值或范围，每一种定义代表一种外观。 不能重复定义值或范围
二进制	变量不同的位对应不同的外观。用户可根据变量类型来定义外观数，比如BYTE类型变量有8位，最多可以定义8种，每一种定义代表一种外观。不能重复定义"位"
位	由变量中的某一位或位变量来控制对象外观。只能两种外观，即"位＝1"和"位＝0"

4）值：变量的值。

5）前景色：选择变量达到设定值或范围时对象在运行系统中显示的前景色。

6）背景色：选择变量达到设定值或范围时对象在运行系统中显示的背景色。

（2）启用对象。

组态"启用对象"可动态控制对象的操作性，即可操作或不可操作。

运行系统中根据组态变量的值来决定是否可操作。

按钮的"启用对象"的属性如图7-10所示。

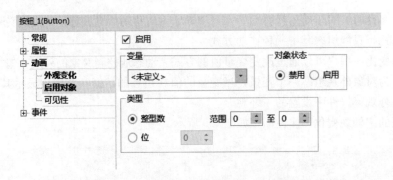

图 7-10 按钮的"启用对象"的属性图

从图 7-10 图中可以看到，组态主要有以下几部分：

1）启用：勾选前面的复选框表示变量值在组态的范围内时对象启用。

2）变量：组态变量来控制对象的操作性。如果变量具有一定的值或其值处在一定的范围之内，则可能会对相应的对象进行操作。

3）类型：组态"类型"可选择整型数和位两种，见表 7-27。

表 7-27　　　　　　　　　　　　　　　　组态类型选择

类型	说明
整型数	如果对象状态为"启用"，变量值在组态的范围内时对象启用（可得到焦点），否则禁用（不可得到焦点）。组态为"禁用"时正好相反
位	如果对象状态为"启用"，只要变量位的值为 1 时（变量其他位不管为什么值）对象启用（可得到焦点），只要变量位的值为 0 时（变量其他位不管为什么值）禁用（不可得到焦点）。组态为"禁用"时正好相反

对象状态：确定给定对象能否在启动运行系统时操作。

设置所需的状态："启用"和"禁用"，见表 7-28。

表 7-28　　　　　　　　　　　　　　　　对象状态设置

操作	说明
启用	变量值在组态的范围内时对象启用
禁用	变量值不在组态的范围内时对象禁用

（3）对角线移动。动态对象可以被组态为沿特定路径移动，或者相对于当前位置移动特定数目的像素。移动通过变量进行控制。用户可以根据变量的设定范围对角线移动成比例的距离。

（4）水平移动。动态对象可以被组态为沿特定路径移动，或者相对于当前位置移动特定数目的像素。移动通过变量进行控制。

（5）垂直移动。动态对象可以被组态为沿特定路径移动，或者相对于当前位置移动特定数目的像素。移动通过变量进行控制。

（6）直接移动。对象沿着 X 和 Y 坐标轴移动特定数目的像素。移动量由两个变量的绝对值定义。

（7）自定义移动。自定义移动是对象沿着自定义的坐标点进行移动，对象的自定义移动可通过变量和时间两个模式来进行自定义。变量模式下对象的移动方式通过变量的自定义决定，对象按照变量值对应的 X，Y 坐标进行移动。时间模式下通过设定持续时间或间隔来决定对象的移

项目七

动，其中通过设定持续时间可以选择对象曲线运动类型。

可组态的移动点数：组态软件上最多可组态 32 个。

（8）动态移动。通过组态变量 X_1，X_2，Y_1，Y_2 的值来控制直线的位置动态变化，移动过程中直线可根据两个点的变量值确定运动时直线的位置（只适用于直线对象）。

（9）可见性。用户可以通过改变变量值的方式来动态地控制对象的可见性。对象是否会在运行时显示取决于其组态状态以及变量的值。如果变量具有一个特定值或其值在一定范围内，则显示对象。

3. 事件

事件是触发执行相关任务的条件，比如按钮的单击事件，单击按钮可触发执行分配给该事件所要处理的任务（系统函数或脚本）。事件和相关的函数列表以及用户创建的脚本，在"属性"对话框中可进行组态。实际可以使用哪些事件取决于对象类型。

按钮的事件如图 7-11 所示。

当用户组态系统函数时，鼠标停靠在函数名上会显示该函数的帮助信息，函数的帮助信息如图 7-12 所示。

图 7-11 按钮的事件

图 7-12 函数的帮助信息

控件事件属性说明见表 7-29。

表 7-29 控件事件属性说明

事件类型	事件描述	可组态对象
加载	加载画面或画布时发生	画面、画布
清除	画面或画布消失时发生	
激活	触发模拟量或离散量报警时发生	模拟量报警、离散量报警
取消激活	清除报警时发生	
确认	用户确认报警时发生	
输入完成时	当用户在控件中输入完成时发生	数字 IO 域、字符 IO 域、日期时间域
更改	对象状态发生改变时发生	符号 IO 域、图形开关、文本开关、滚动条、量表

续表

事件类型	事件描述	可组态对象
关闭	用户将开关置于 OFF（关）位置时发生	文本开关、图形开关
打开	用户将开关置于 ON（开）位置时发生	
单击	按钮单击时发生（按下和释放都要落在按钮上，否则无效）	按钮
按下	按钮按下时发生	
释放	按钮释放时发生	
上限	超出变量的上限时发生	非 Bool 型变量
下限	低于变量的下限时发生	
更改数值	变量的值改变时发生，可由 PLC 或用户触发	变量
值为真	Bool 型变量值为真时发生	Bool 型变量
值为假	Bool 型变量值为真时发生	
超时	定时器控件设定的时间到时发生	定时器
一次	当系统时间到达用户设定的某个时刻时，触发一次。在表格的描述列中，当未选择定时器时，到达用户设定的时间就会触发；当设置了定时器变量时，则将不按照用户设置的时间触发，而是当系统时间到达定时器变量的时刻触发	调度器
X秒	每 X 秒触发一次，X 的取值范围为 0.1～60	
每分钟	每分钟触发一次	
每小时	用户指定每小时中的某一时刻触发一次，精确到分，设置范围为 0～59。例如：设置为 10，则每小时的第 10min 都会触发一次	
每天	用户指定每天中的某一时刻触发一次，精确到分，例如：设置为 10：22，则每天的 10：22 都会触发一次。当设置了定时器变量时，则将不按照用户设置的时刻触发，而是取得时刻是按定时器变量的时分来触发，每天这个时刻触发一次	
每周	用户指定每周中的某一时刻触发一次，精确到分，例如：设置为星期二 10：22，则每周星期二 10：22 都会触发一次	
每月	用户指定每月中的某一时刻触发一次，精确到分，例如：设置为 2 日 10：22，则每月 2 日 10：22 都会触发一次	
每年	用户指定每年中的某一时刻触发一次，精确到分，例如：设置为 02-02 10：22，则每年的 02-02 10：22 都会触发一次。当设置了定时器变量时，则将不按用户设置的时刻触发，而是取得时刻是按定时器变量的月日时分来触发，每年这个时刻触发一次	
切换画面	切换画面时触发一次	
切换用户	用户或注销时触发一次	
登入	用户登入成功时触发一次	
上溢报警缓冲区	报警缓冲区溢出时触发一次报警缓存区，是一个指定大小且不进行组态的循环缓存区，报警缓存区大小为 512	
启动	运行系统启动时触发一次	
进入屏保	进入屏保时触发一次	

 技能训练

一、训练目标

（1）学会添加画面控件。

（2）学会设置控件基本属性。

（3）学会设置控件动画属性。

（4）学会设置控件事件属性。

二、训练步骤与内容

1. 创建新工程

（1）启动 InoTouchPad 软件。

（2）单击执行"工程"菜单下的"新建"子菜单命令，在新建工程对话框，选择使用的触摸屏设备类型 IT7070E，然后输入"工程名称"，名为"使用控件"，并选择工程的保存位置，单击"确定"按钮，创建新工程。

2. 建立连接

（1）双击项目窗口"通讯"文件夹中的"连接"图标，打开连接编辑器。

（2）单击连接编辑器连接表上方的"＋"添加连接按钮，可以添加一个新的"连接"，添加新连接。

（3）修改连接名称为"TEST_7"，单击通讯协议栏右边的下拉列表箭头，选择"H5U Qlink TCP 协议"。

3. 创建变量

（1）打开工程视图左侧目录树"通讯"节点中的"变量"节点。

（2）打开变量的子选项，系统默认已建立"变量组_2"，用户也可根据自身建立的工程需要添加变量组；双击变量组_2，打开变量编辑器。

（3）创建的 TEST_7 工程变量，见表 7-30。

表 7-30　　　　　　　　　　　　　TEST_7 工程变量

名称	连接	数据类型	长度	数组计数	地址
M1	TEST_7	Bool	1	1	M1
M2	TEST_7	Bool	1	1	M2
D10	TEST_7	Int16	2	1	D10

4. 添加控件

（1）双击工程浏览视图的画面 1，打开画面 1 设计界面。

（2）添加一个"按钮"对象到画面 1。

（3）添加一个"矩形"对象到画面 1。

（4）添加一个"数字 IO 阈"对象到画面 1。

5. 设置对象属性

（1）设置按钮的常规属性，按钮文本设置，如图 7-13 所示。

（2）设置按钮的动画属性，按钮动画设置，如图 7-14 所示。

1）选中按钮对象，然后打开其属性视图下的"动画"属性，选中"启用对象"。

2）启用"启用对象"，单击"启用"前的复选框。

3）单击变量选择右边的下拉箭头，选择变量 M1。

4）在变量类型中，选择"位"。

5）在"位"的右边选择具体的位（如位"0"）。

6）在"对象状态"中选择"启用"。

（3）设置矩形对象组态外观变化。

1）选中矩形对象，然后打开其属性视图下的"动画"属性，选中"外观变化"。

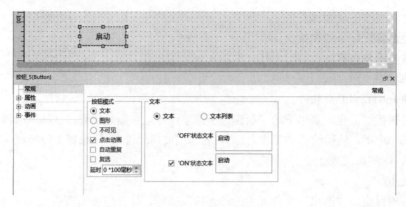

图 7-13　按钮文本设置

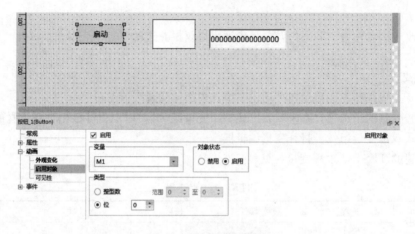

图 7-14　按钮动画设置

2）启用"外观变化"，单击"启用"前的复选框。

3）组态"变量"，单击"变量"的下拉菜单打开变量列表，选择要用于控制对象外观的变量D10。

4）组态"类型"，根据应用需要选择 3 种类型中的一种，选择"整型数"。

5）在右边表格中组态其外观，单击右表左上角的 ➕ 来添加外观，在表格中会自动新增两行值分别为 0～100、101～201，然后设置需要修改行中的"前景色""背景色"及"闪烁"属性。

6）组态完后的画面，如图 7-15 所示。

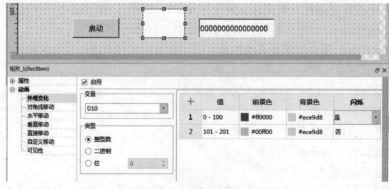

图 7-15　组态完后的画面

（4）设置"数字IO阈"对象属性。

1）选中矩形对象，然后打开其常规属性。

2）在类型模式设置中，选择为输入/输出。

3）在过程变量设置中，选择变量D10。

6．启动模拟仿真

（1）启动模拟运行器，初始画面上的按钮是灰色，按钮被禁用。

（2）单击状态栏的"HMISimulator"，打开PLC仿真器，单击第1行的变量选择，选择变量M1。

（3）在变量的设置数值栏输入"1"，单击开始栏的复选框，按钮启用。M1为1的仿真，如图7-16所示。

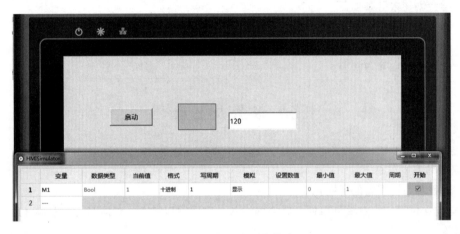

图7-16　M1为1的仿真

（4）单击按钮对象，观察模拟器上的按钮，观察按钮的显示效果。

（5）在"数字IO域"中输入"20"时，值为0～100，矩形显示红色，并闪烁。

（6）在"数字IO域"中输入"120"时，值为101～200，矩形显示绿色，并停止闪烁。

习题 7

（1）如何使用"位按钮"？

（2）如何使用"文本按钮"？

（3）如何使用增强控件"旋钮"？

（4）如何设置"椭圆控件"的动画？

项目八 报警管理

 学习目标

(1) 学会创建报警画面。

(2) 学会设置模拟量报警。

(3) 学会设置离散量报警。

(4) 学会调试和管理报警。

任务9 报警及其管理

一、创建报警系统

1. 报警的基本信息

(1) 过程和系统报警的可视化。

1) 自定义报警。组态报警以便在触摸屏设备上显示过程状态或者测量和报告从 PLC 接收到的过程数据。

2) 系统报警。系统报警是在那些被监控设备上预定义好的，通过触摸屏显示设备中特定的系统状态。

自定义报警和系统报警都可以由触摸屏设备或者 PLC 来触发，并且均可以显示在触摸屏设备上。

(2) 自定义报警。

1) 可供使用的报警过程。

a. 模拟量报警，如果某一个"变量"值超出了"限制"值，触摸屏设备就触发模拟量报警。

b. 离散量报警，如果某一个"变量"中指定的位被置位，触摸屏设备就触发离散量报警。

2) 确认报警。对于显示关键性或危险性运行和过程状态的离散量报警和模拟量报警，可以要求设备操作员对报警进行确认。

3) 报警类别。报警类别主要确定报警在触摸屏设备上的显示方式和确认行为。

系统预定义报警类别如下：

a. "错误"：用于离散量和模拟量报警，指示紧急或危险操作和过程状态。该类报警必须进行确认。

b. "警告"用于离散量和模拟量报警，指示常规操作状态、过程状态和过程顺序。该类别中的报警不需要进行确认。

c. "系统"：用于系统报警，提示操作员关于触摸屏设备和 PLC 的操作状态。该报警类别不能用于自定义的报警。

(3) 系统报警。系统报警提示关于触摸屏设备和 PLC 的操作状态。系统报警由编号和报警文本组成。报警文本中精确地说明了报警原因。

（4）显示报警。

1）在触摸屏设备上显示报警。

a. 报警视图。根据报警视图的组态大小，可以同时显示多个报警。报警视图中可以选择需要显示的报警类别，可以为不同的报警类别，组态多个报警视图。

b. 报警条。组态报警条可以显示所有报警类别为"错误"的报警。

c. 系统报警窗口。系统报警窗口是运行系统默认自带一个报警窗口，专门显示系统事件。

2）记录报警。报警类别组态报警记录后，使用该报警类别的报警都将会被记录至指定报警记录中。

3）用于报警编辑的系统函数，见表 8-1。

表 8-1   用于报警编辑的系统函数

AlarmViewAcknowledgeAlarm	确认给定报警视图中选中的报警
AlarmViewShowOperatorNotes	显示给定报警视图中选中报警的信息文本
ClearAlarmBuffer	删除触摸屏设备报警缓冲区中的报警
ShowAlarmView	显示、隐藏给定的报警视图控件

2. 报警属性和基本设置

（1）报警组态属性。

1）报警属性。

a. 报警文本，报警文本是对报警的描述。

b. 报警编号，报警编号用于识别报警，每个报警编号在下列类型中都是唯一存在的。

a）模拟量报警。

b）离散量报警。

c）系统报警。

c. 报警类别，报警类别决定报警是否需要确认，也决定报警在触摸屏设备上的显示方式，还可以决定相应报警是否记录。

d. 触发变量。

a）对于模拟量报警：变量的值达到限制值时触发报警。

b）对于离散量报警：变量内的某个位被置位时触发报警。

2）可选的报警属性。

a. 报警组。统一确认处理，即如果报警属于某个报警组，可以通过确认这个组中的某一个报警，完成这个组所有的报警确认处理。

b. 信息文本。对应报警的附加信息。文本不会自动显示，需要选中报警后，按下"报警视图控件"中的 ⑦ 按钮显示。

（2）模拟量报警。

1）限制。用于触发变量的值与该值比较，决定报警是否触发报警。

2）触发模式。有＞、＜、＝＝、＞＝、＜＝五种触发模式，用作触发变量的值与限制值比较的条件。

3）滞后。滞后值的范围为 0～100，配合百分比使用。

4）滞后百分比。选择开时"滞后"项中的数值为百分数，滞后值＝限制值×滞后（％）。选择关时，滞后值＝滞后项中的数值。

5）滞后模式。到达时，触发报警的设定值＝限制值＋滞后值。离开时，触发报警的设定值＝限制值－滞后值。

滞后值的符号由触发模式决定：触发方式为＞、＞＝、＝＝时，滞后值为正值；触发方式为＜、＜＝时，滞后值为负值。

6）延迟。模拟量报警达到触发条件，等待指定时间再报警，时间单位为 ms。

（3）离散量报警。

1）触发模位。用于触发变量的某一位的状态作为触发判断条件，决定报警是否触发报警。

2）触发模式。有 1→0、0→1、＝＝0、＝＝1 四种触发模式，用作触发变量的触发位状态变化的条件。

3）确认 PLC 变量、确认 PLC 位号。PLC 位号指定 PLC 变量的第 n 位作为确认位，置位 PLC 变量的指定位可以确认对应报警。确认 PLC 变量只能与对应报警的触发变量相同，位号不同。

4）确认触摸屏变量、确认触摸屏位号。触摸屏位号指定触摸屏变量的第 n 位作为确认位，触发报警时，复位触摸屏变量指定位。对应离散量报警被确认时，置位触摸屏变量指定位。

注意：只有离散量报警触发变量组态的"外部变量"时，才可使用"确认 PLC 变量"和"确认触摸屏变量"。

3. 用于组态报警的编辑器

（1）编辑器分类。

1）"离散量报警"编辑器，用于创建和修改离散量报警。

2）"模拟量报警"编辑器，用于创建和修改模拟量报警。

3）"系统报警"编辑器，用于修改系统报警的报警文本。

4）"报警类别"编辑器，用于创建和更改报警类别。

5）"报警组"编辑器，用于创建和修改报警组。

（2）编辑器的使用。

1）新建对象。单击表格左上角 + 完成新建。

2）批量新建。单击新建按钮中的倒三角弹出图 8-1 所示对话框，完成设置后再新建即可批量新建。

3）删除对象。单击需要删除的报警行表头后，左上角按钮变为如图所示按钮 － ，单击此按钮即可删除选中行。

4）隐藏和显示列属性。右键列标题，弹出图 8-2 所示对话框，勾选需要显示的列即可。

图 8-1　批量新建报警设置

图 8-2　列属性选项

5）列排序。左键单击列标题。

（3）模拟量报警编辑器。在"模拟量报警"表格编辑器中，可以创建模拟量报警并指定它们的属性。

1）打开"模拟量报警"编辑器。单击图 8-3 项目视图中"报警管理"项，展开后双击"模拟量报警"即可打开右侧所示"模拟量报警"编辑器。

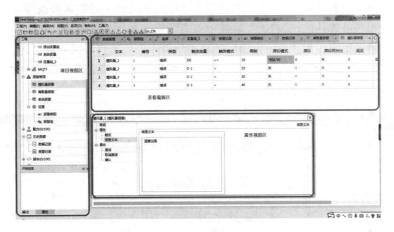

图 8-3　"模拟量报警"编辑器

2）表格编辑区。以表格形式显示了所有已建立的模拟量报警及其相关属性设置。

3）属性视图区。属性视图提供与表格编辑区相同的属性设置功能，也有其独特的"事件"编辑功能。

4）"事件"说明。

激活：对应报警发生时，"激活"事件中组态的脚本函数将被调用。

取消激活：对应报警消除时，"取消激活"事件中组态的脚本函数将被调用。

确认：对应报警被确认时，"确认"事件中组态的脚本函数将被调用。

（4）离散量报警编辑器。在"离散量报警"表格编辑器中，可以创建离散量报警并指定它们的属性。

1）打开"离散量报警"编辑器。单击如图 8-4 项目视图中"报警管理"项，展开后双击"离散量报警"即可打开右侧所示"离散量报警"编辑器。

图 8-4　"离散量报警"编辑器

2）表格编辑区。以表格形式显示了所有已建立的离散量报警及其相关属性设置。

3）属性视图区。属性视图提供与表格编辑区相同的属性设置功能，也有其独特的"事件"编辑功能。

4）"事件"说明。

激活：对应报警发生时，"激活"事件中组态的脚本函数将被调用。

取消激活：对应报警消除时，"取消激活"事件中组态的脚本函数将被调用。

确认：对应报警被确认时，"确认"事件中组态的脚本函数将被调用。

（5）系统报警编辑器。在"系统报警"表格编辑器中，只能查看所有定义的系统报警信息。

1）打开"系统报警"编辑器。单击图 8-5 项目视图中"报警管理"项，展开后双击"系统报警"即可打开右侧所示"系统报警"编辑器。

图 8-5　"系统报警"编辑器

2）表格编辑区。表格编辑区显示所有定义好的系统报警信息，系统报警属性只可查看，不可修改。

（6）报警类别编辑器。在"报警类别"表格编辑器中，可以创建报警类别并指定它们的属性。

1）打开"报警类别"编辑器。单击图 8-6 所示项目视图中"报警管理"→"设置"→"报警类别"，即可打开如右侧所示的"报警类别"编辑器。

2）表格编辑区。表格编辑区显示了所有已建立的报警类别及其属性设置。在单元格中可以编辑相应的属性。

3）属性视图区。属性视图提供与表格编辑区相同的属性设置功能。

4）属性说明。

a. 名称：组态时，区分不同报警类别使用。报警类别中名称具有唯一性。

b. 显示名称：触发报警时，在"报警视图控件"的"类型"项下显示的标识。不同报警类别可以使用相同显示名称。

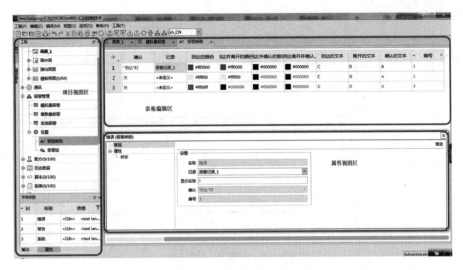

图 8-6　"报警类别"编辑器

c. 确认：决定相关报警是否需要确认。

d. 记录：决定相关报警，记录的位置，只能组态"报警记录"中的记录。

e. 到达颜色：报警仅处于报警发生状态时，相关报警文本在报警视图控件中显示的颜色。

f. 到达并离开的颜色：报警发生且被消除后，相关报警文本在报警视图控件中显示的颜色。

g. 到达并确认的颜色：报警发生且被确认后，相关报警文本在报警视图控件中显示的颜色。

h. 到达离开并确认的颜色：报警发生、确认、消除后，相关报警文本在报警视图中显示的颜色。

i. 到达的文本：报警发生后相关报警，状态显示文本。

j. 离开的文本：报警消除后相关报警，状态显示文本。

k. 确认的文本：报警确认后相关报警，状态显示文本。

注意：报警状态文本由"到达的文本""离开的文本""确认的文本"组合而成。

如图 8-6 所示，报警发生时，报警的状态文本显示为"C"，报警如果被确认，则状态文本显示为"CA"。

（7）报警组编辑器。在"报警组"表格编辑器中，可以创建报警组并指定它们的属性，报警组主要用于将多个报警归类到一组，在报警视图中，选中报警组中任意一条报警进行确认，即可确认该组所有产生的报警。

1）打开"报警组"编辑器。单击图 8-7 所示项目视图中"报警管理"→"设置"→"报警组"，即可打开如右侧所示的"报警组"编辑器。

2）表格编辑区。表格编辑区显示了所有已建立的报警组及其属性设置。在单元格中可以编辑相应的属性。

3）属性视图区。属性视图提供与表格编辑区相同的属性设置功能。

二、报警管理

报警记录用于保存项目运行过程中产生的报警信息，以便之后分析问题使用。

1. 报警记录内容

要记录的报警通过报警类别分配给报警记录。在报警状态发生变化时，报警记录将保存对应报警的以下信息：

1）报警文本。

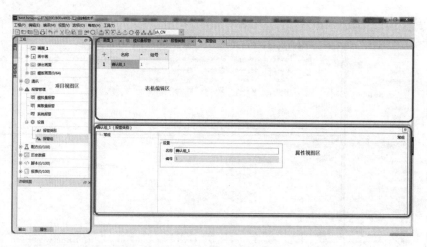

图 8-7　"报警组"编辑器

2）报警类别。

3）报警编号。

4）报警的日期和时间。

5）报警状态。

6）确认组。

7）PLC：报警触发变量连接名称。

报警发生、报警确认、报警消除时会分别产生一条报警记录。

2. 报警记录编辑器

在"报警记录"编辑器中可以创建和编辑报警记录的属性。

（1）打开"报警记录"编辑器。单击图 8-8 所示项目视图中"历史数据"→"报警记录"，即可打开如右侧所示的"报警记录"编辑器。

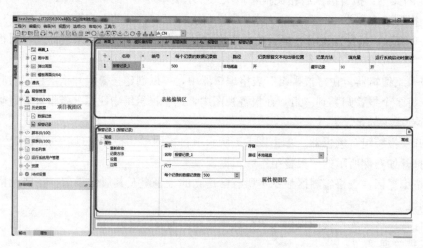

图 8-8　"报警记录"编辑器

（2）表格编辑区。

1）新建对象：单击表格左上角 ╋ 完成新建。

2）批量新建：单击新建按钮中的下拉箭头，在弹出对话框选择批量新建数量，完成设置后，再新建即可批量新建。

3）删除对象：单击需要删除的报警行表头后，左上角按钮变为如图所示按钮 **—** ，单击此按钮即可删除选中行。

4）隐藏和显示列属性：右键列标题，弹出列属性选项对话框，勾选需要显示的列即可。

5）列排序：左键单击列标题。

（3）属性视图区。属性视图提供与表格编辑区相同的属性设置功能，也有其独特的"事件"编辑功能。

（4）事件说明。

溢出事件：报警记录溢出时触发组态的脚本函数。

事件项仅在"记录方法"组态的"触发事件"时才可使用。

3. 报警记录的基本设置

（1）属性设置。

1）名称。报警记录的名称。

2）数据记录数。每个报警记录，允许记录的最大报警条数。

3）路径。报警记录存储的位置，可以是存储在触摸屏上或者是在 U 盘、SD 卡上。

4）记录报警文本和出错位置。记录报警时选择是否保存报警文本和报警触发变量使用的连接名。

5）记录方法。

a. 循环记录：当记录完全填满时，最早的记录将被覆盖。

b. 触发事件：当记录完全填满时，触发溢出事件中组态的脚本函数。

c. 系统报警：当记录报警条数达到指定最大数量的百分比时，显示系统报警。

6）填充量。记录方法选择系统报警时使用，指定最大数量的百分比。

7）运行系统启动时激活记录。是否在触摸屏启动时就开启报警记录功能。

8）运行系统启动时响应。

a. 添加数据到现有记录的后面：触摸屏启动时保留之前的报警记录条目。

b. 记录清零：触摸屏启动时，清空之前的报警记录条目。

9）注释。对应记录的描述文本。

（2）显示报警记录。在触摸屏上显示报警记录，需要组态报警视图控件"显示"栏中选中数据记录项。组态报警记录如图 8-9 所示。

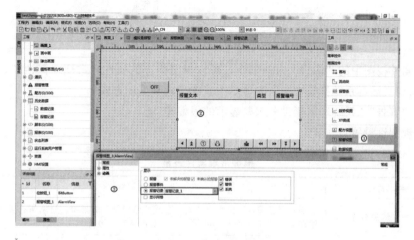

图 8-9　组态报警记录

4. 报警视图控件

（1）报警视图。报警视图控件用来动态显示运行系统中的指定类别信息，符合条件时可以选择是否显示，若选择显示，则报警视图窗口在画面最上一层用户可以任何时候关闭。报警视图控件如图 8-10 所示。

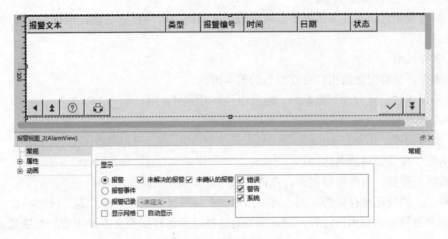

图 8-10　报警视图控件

报警视图按钮功能说明见表 8-2。

表 8-2　　　　　　　　　　　　　　报警视图按钮功能说明

控制按钮	按钮功能
◀	向左移动表格，当显示内容超过范围时可以使用该按钮移动表格查看信息
⬆	向上翻页
⑦	查看帮助信息文本，在报警组态的信息文本
🖶	打印报警
✓	确认报警
⬇	向下翻页
▶	向右移动表格

（2）在属性视图中的"常规"对话框中，可以设置相应的属性。常规中包括"显示"属性。"显示"用来定义运行系统报警视图所有显示报警的类别和显示方式。

"错误""警告""系统"用于设置需要显示的报警类别。

报警常规属性设置见表 8-3。

表 8-3　　　　　　　　　　　　　　报警常规属性设置

属性项名称		描述
报警	未解决报警	显示"已进入"但尚未"离开"或"已确认"的报警。显示所有类的"到达"和错误类的"到达确认"（即同时到达和确认）的报警
	未确认的报警	显示"错误"类的"到达""到达离开"（即先到达后离开）的报警

续表

属性项名称	描述
报警事件	显示 MESSAGECLASSES 选择的消息事件（显示到达的、离开的和确认的）。显示所有报警的每次报警。有"到达""（到达）确认""（到达）离开"（先到达后离开）、"到达确认"（同时到达和确认）、"（到达确认）离开"（同时到达和确认再离开）、"（到达离开）确认"
报警记录	用来选择输出的报警记录，必须在已组态的报警记录中选择
显示网格	报警视图中显示网格线

表 8-3 具体说明报警视图组态各种显示方式和报警类别时报警视图显示报警的情况。

（3）在属性视图中的"属性"对话框中，可以设置外观、布局、文本、可见列、列属性、排序、安全等对应的属性。

 技能训练

一、训练目标

（1）学会创建报警管理画面。

（2）学会使用模拟量报警。

（3）学会使用离散量报警。

二、训练步骤与内容

1. 创建新工程

（1）启动 InoTouchPad 软件。

（2）单击执行"工程"菜单下的"新建"子菜单命令，在新建工程对话框，选择使用的触摸屏设备类型 IT7070E，然后输入"工程名称"，名为"报警管理"，并选择工程的保存位置，单击"确定"按钮，创建新工程。

2. 新建模拟量、离散量报警

（1）新建变量（见图 8-11）。

1）在变量组_2 中添加一个数值型变量。

2）在变量组_2 中添加一个 Bool 型变量。

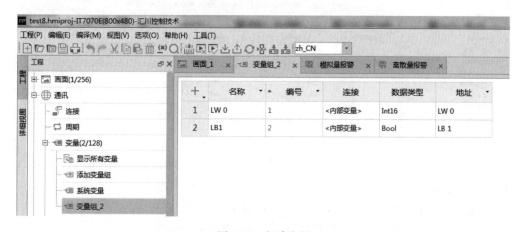

图 8-11　新建变量

（2）新建模拟量报警。

1）新建模拟量报警条目。

2）设置触发变量及限制条件，这里设置触发变量为 LW0，限制 60，触发模式为 "＞"。模拟量报警设置如图 8-12 所示。

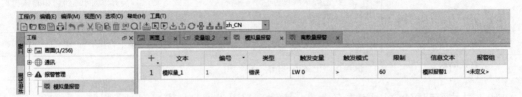

图 8-12　模拟量报警设置

3）模拟量报警设置好之后，运行时 LW0 输入大于 60 的数值时将触发模拟量_1 的报警。

（3）新建离散量报警。

1）新建离散量报警条目。

2）设置触发变量及触发位，这里设置触发变量为 LB1，触发变量为 Bool 型变量时不需要设置触发位。离散量报警设置如图 8-13 所示。

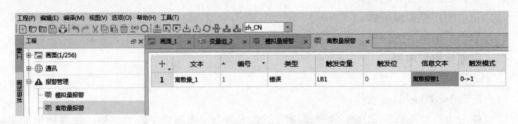

图 8-13　离散量报警设置

3）设置好之后，运行时 LB1 置位时，触发离散量_1 的报警。

3. 使用报警记录

（1）新建报警记录（见图 8-14）。

图 8-14　新建报警记录

（2）使用报警记录。

1）双击项目视图中的 "报警类别"，打开 "报警类别" 编辑器。

2）在报警类别中选择指定类别的报警信息，记录至报警记录中。

3）选择将 "错误" 类别的报警记录至 "报警记录_1" 中，设置报警记录如图 8-15 所示。

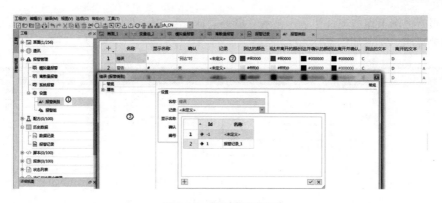

图 8-15　设置报警记录

4) 组态完成后，当有"错误"类别的报警时，就会记录至"报警记录_1"中。

4. 显示报警

组态好报警后，在画面中添加报警视图控件来显示报警。

(1) 在画面 1 中，添加两个报警视图 A、B，如图 8-16 所示。

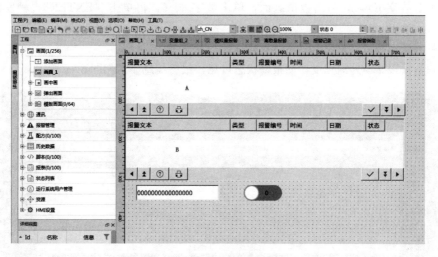

图 8-16　添加两个报警视图

(2) 报警视图 A 组态属性如下：显示未解决的和未确认的且报警类别为错误、警告、系统类别的报警，报警视图 A 组态如图 8-17 所示。

图 8-17　报警视图 A 组态

（3）报警视图B组态属性如下：显示"报警记录_1"中记录的，即错误、警告、系统类别的报警，报警视图B组态如图8-18所示。

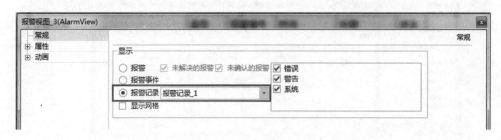

图8-18　报警视图B组态

（4）数值IO域过程变量为LW0。

（5）文本开关过程变量为LB1。

5. 下载运行

（1）单击执行"编译"菜单下的"启动离线模拟器"子菜单命令，启动离线模拟器。

（2）单击数字IO域，弹出数值画面，单击数字8、0，再单击"ENTER"，触发模拟量_1报警。

（3）单击文本按钮，置位LB1，触发离散量_1报警。

（4）调整报警文本列的宽度，使报警状态可见，报警信息显示如图8-19所示。

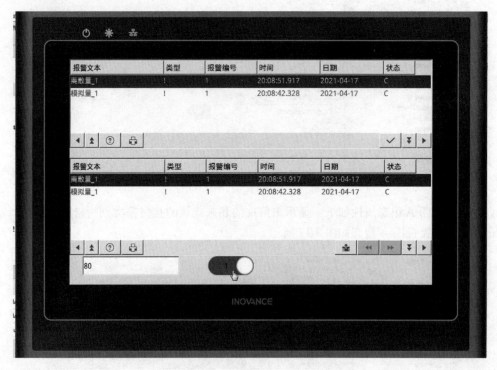

图8-19　报警信息显示

（5）单击数字IO域，弹出数值画面，单击数字5、0，再单击"ENTER"，LW0值小于60报警。新增报警记录如图8-20所示，报警视图A中模拟量_1报警状态变为CD，表示模拟量报警离开，而报警视图B中新增一条报警信息状态同样为CD。

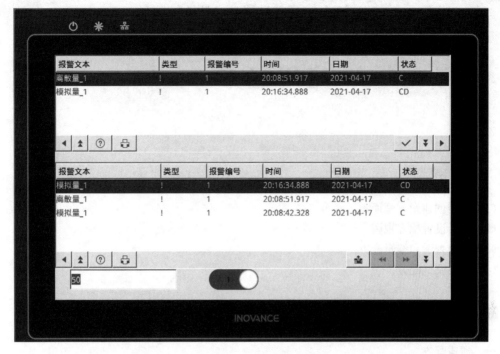

图 8-20　新增报警记录

 习题 8

(1) 如何设置模拟量报警?

(2) 如何设置离散量报警?

(3) 如何设置报警类别?

(4) 如何设置显示报警画面?

项目九　　应用配方

学习目标

（1）学会创建配方画面。

（2）学会设置配方视图。

（3）学会查看和编辑配方。

（4）学会调试配方。

任务10　应用配方技术

一、创建配方

1. 配方基本信息

（1）配方的基本原理。配方是同一类数据的集合，有其固定的数据结构。一个配方可以包含多个配方数据记录，这些数据记录仅在数据方面有所不同，结构完全一致。配方可以存储在触摸屏设备或外部存储介质上。

一个工程最多可组态 100 个配方，每个配方最多可组态 32767 个成分，每个配方数据记录最多可组态 1000 条数据记录。

（2）配方的显示。配方可以通过画面中的配方视图控件显示。配方视图控件如图 9-1 所示。

（3）用于配方编辑的系统函数（见表 9-1）。

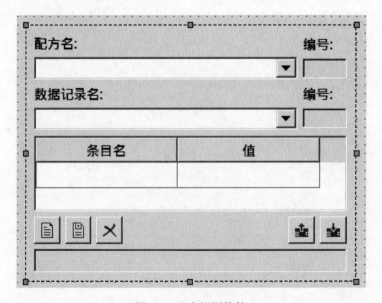

图 9-1　配方视图控件

表 9-1 　　　　　　　　　　　　　用于配方编辑的系统函数

序号	系统函数		描述	脚本调用
1	DeleteDataRecord（…）		删除配方数据记录	
	参数	Recipe number/name（In）	配方号/名称	
		Data record number/name（In）	数据记录号	
		Confirmation（In）	确认，值范围：是/否	
		Processing status（Out optional）	处理状态：2 表示准备就绪，4 表示执行成功，12 表示执行失败	
2	GetDataRecordFromPLC（…）			
	参数	Recipe number/name（In）	配方号/名称	
		Data record number/name（In）	数据记录号	
		Overwrite（In）	覆盖，值范围：是/否/带确认	
		Processing status（Out optional）	处理状态：2 表示准备就绪，4 表示执行成功，12 表示执行失败	
3	GetDataRecordName（…）			
	参数	Recipe number（In）	配方号/名称	
		Data record number（In）	数据记录号	
		Recipe name（Out）	配方名	
		Data record name（Out）	数据记录名	
		Processing status（Out optional）	处理状态：2 表示准备就绪，4 表示执行成功，12 表示执行失败	
4	GetDataRecordTagsFromPLC（…）			不支持
	参数	Recipe number/name（In）	配方号/名称	
		Processing status（Out optional）	处理状态：2 表示准备就绪，4 表示执行成功，12 表示执行失败	
5	LoadDataRecord（…）			
	参数	Recipe number/name（In）	配方号/名称	
		Data record number/name（In）	数据记录号	
		Processing status（Out optional）	处理状态：2 表示准备就绪，4 表示执行成功，12 表示执行失败	
6	SaveDataRecord（…）			
	参数	Recipe number/name（In）	配方号/名称	
		Data record number/name（In）	数据记录号	
		Overwrite（In）	覆盖，值范围：是/否/带确认	
		Processing status（Out optional）	处理状态：2 表示准备就绪，4 表示执行成功，12 表示执行失败	
7	SetDataRecordTagsToPLC（…）			
	参数	Recipe number/name（In）	配方号/名称	
		Processing status（Out optional）	处理状态：2 表示准备就绪，4 表示执行成功，12 表示执行失败	
8	SetDataRecordToPLC（…）			
	参数	Recipe number/name（In）	配方号/名称	
		Data record number/name（In）	数据记录号	
		Processing status（Out optional）	处理状态：2 表示准备就绪，4 表示执行成功，12 表示执行失败	

续表

序号	系统函数		描述	脚本调用
9	SetRecipeTags（…）		设置配方变量的在线/离线状态	
	参数	Recipe number/name（In）	配方号/名称	
		Status（In）	状态，值范围：在线/离线	
		Output status message（In）	输出状态消息，值范围：是/否	
		Processing status（Out optional）	处理状态：2 表示准备就绪，4 表示执行成功，12 表示执行失败	
10	ExportDataRecords		导出数据记录	不支持
	参数	Recipe number/name（In）	配方号/名称	
		Path	路径	
		Code	编码，GBK	
		Processing status（Out optional）	处理状态：2 表示准备就绪，4 表示执行成功，12 表示执行失败	
11	ImportDataRecords		导入数据记录	
	参数	Path	路径	
		File name	文件名	
		Processing status（Out optional）	处理状态：2 表示准备就绪，4 表示执行成功，12 表示执行失败	

2. 属性和基本设置

（1）配方编辑器。在"配方"表格编辑器中可以创建、组态和编辑配方，还可以在配方数据记录中设定好成分值。

1）打开"配方"编辑器（见图 9-2）。单击图 9-2 项目视图中"配方"→"配方_1"，可以打开如右侧"表格编辑区"中所示"配方"表格编辑器。

图 9-2　配方编辑器

2）表格编辑区。

a. 新建对象：单击表格左上角 + 完成新建配方成分，一个配方最多可添加 32767 个成分、1000 条数据记录。

b. 批量新建：单击新建按钮中的下拉列表箭头，打开下拉对话框，选择批量新建数量，完成设置后再新建即可批量新建配方成分。

c. 删除对象：单击需要删除的报警行表头后，左上角按钮变为如图所示按钮 — ，单击此按钮即可删除选中行。

d. 隐藏和显示列属性：右键单击列标题，弹出列属性对话框，勾选需要显示的列即可。

（2）配方属性。

1）编号。在触摸屏设备中唯一的标识配方。

2）显示名称。运行系统中，选择配方时显示的配方名称。

3）同步变量。使配方记录中的值与配方变量的值同步。使用配方视图中 ↔ "同步按钮"，需要"同步变量"为勾选状态。

4）变量离线。勾选之后，运行时将断开触摸屏上的变量与对应的 PLC 地址之间的关联。勾选同步变量后可使用此选项。

配方成分属性如下：

1）名称。在配方内部的唯一标识符。

2）显示名称。触摸屏设备运行时，在配方视图中显示的条目名称。

3）变量。配方成分所对应的触摸屏变量。成分变量为连续地址时这里也可以使用数组变量。

4）缺省值。配方数据的默认值。

5）小数点。定义运行时配方数据显示的小数位个数。

6）信息文本。对相关配方条目的一个描述信息，在触摸屏设备运行时，选中对应条目后，单击配方视图上的 ⊙ 可以查看。

（3）配方数据记录。配方数据记录中记录配方成分的设定值，是对配方成分值的预设定，触摸屏运行过程中可以通过切换配方数据记录来修改对应成分的触摸屏变量值。

1）"配方数据记录"编辑器（见图 9-3）。

图 9-3 "配方数据记录"编辑器

2）属性说明。

a. 名称。配方数据记录名在配方中唯一地标识配方数据记录。

b. 显示名称。运行时配方数据记录在配方视图中显示的名称，可用多种语言组态显示的名称，也可以指定描述性的名称或与产品直接相关的标志，例如产品编号。显示名称不具有唯一性。

c. 编号。编号在配方中唯一地标识配方数据记录。

d. 成分_1（n）。是对成分中，"名称"为"成分_1"项中变量值的预设定。"n"为"成分变量"使用数组变量时的下标。预设值在未输入时，使用"成分"中的"缺省值"。

3. 运行时查看和编辑配方

（1）配方视图。在触摸屏上组态配方视图控件可显示和编辑配方。

（2）在配方视图中查看和编辑配方。

1）配方组态。配方成分如图 9-4 所示。

图 9-4 配方成分

配方数据记录如图 9-5 所示。

图 9-5　配方数据记录

2）在运行系统中配方在配方视图中显示如图 9-6 所示。图中成分值都为 6，是因为组态时使用的缺省值为 6。

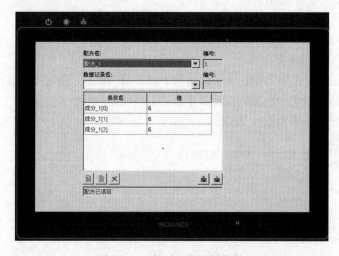

图 9-6　运行时配方视图控件

3）查看配方。单击如图 9-7 配方视图，选择想要查看的配方。配方视图中可以查看任意组态好的配方。

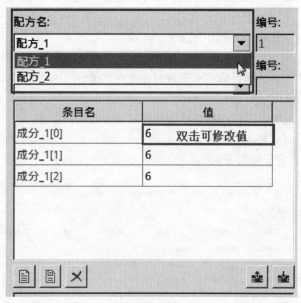

图 9-7　配方视图

4）运行时编辑配方。双击图 9-7 配方视图的"值"处可对配方成分值进行编辑，但是由于此时没有选择数据记录，编辑的值不可保存。

（3）运行时查看和编辑配方数据记录。

1）查看配方数据记录。选中配方后，在配方视图控件中即可选择属于它的配方数据记录。选择配方数据记录如图 9-8 所示。

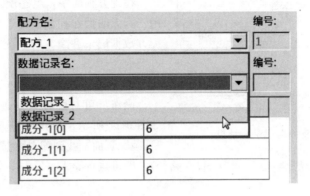

图 9-8　选择配方数据记录

选择"数据记录_1"，如图 9-9 所示，图中成分值都修改为工程组态时"数据记录_1"中的预设值，且信息提示框中提示"数据记录已读取"。

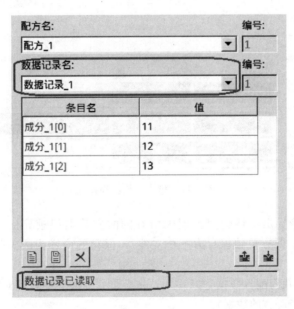

图 9-9　选择"数据记录_1"

2）配方数据记录编辑。数据记录值编辑，选择配方数据记录后，即可按配方编辑方式双击表格"值"项，对成分值进行编辑。

与配方编辑不同的地方在于，"值"编辑完后需要单击配方视图控件上的 📄 "保存"按钮才能将修改值写入到对应的配方数据记录中。

新建数据记录，单击配方视图中的 📄 新建按钮，弹出图 9-10 新建数据记录对话框，输入数据记录名，完成新建。新建之后可选择新建数据记录对其编辑。

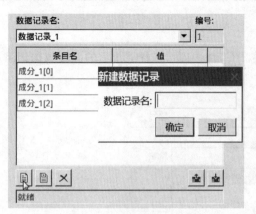

图 9-10　新建数据记录对话框

删除数据记录，选择指定数据记录后，单击配方视图中的 ⊠ 删除按钮，可删除指定数据记录。

二、配方的使用

在配方画面中，组态配方相关的系统函数可用于配方的操作控制。用于装载、保存以及传送配方数据记录和配方的系统函数位于事件的"配方"中。

1. 配方数据记录的导入、导出

操作员可对配方数据进行导入、导出操作，如图 9-11 所示，用户可进入控制面板中，进入"下载"页面，找到配方数据项，指定导入、导出文件路径（这里的路径只能是 U 盘或 SD 卡路径），即可执行导入、导出操作。

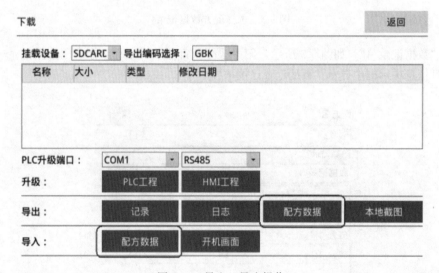

图 9-11　导入、导出操作

执行配方数据记录导出，将会把工程中所有的配方数据记录导出到指定路径，保存到＊.CSV 文件中（每个配方单独保存为一个文件），保存的内容为配方数据记录的名称以及成分值。

指定导入的文件，执行配方数据记录导入，将会将文件内容更新到对应配方的数据记录中（一次导入只能更新一个配方的数据）。

注意：①对导出文件只能对成分数据进行修改，首行标识内容以及数据记录名称不能进行任意更改，否则修改后的文件会导入失败。②任意一条数据记录的任意一成分数值或数据类型有误时，该条数据记录导入时将会被抛弃。

2. 配方的应用场合

在配方应用中，同步变量和变量离线有表 9-2 所示的 3 种组合配置。

3. 应用场合一

（1）运行时输入配方数据，如图 9-12 所示。

表 9-2　　　　　　　　　　　同步变量和变量离线的 3 种组合配置

应用场合	同步变量	变量离线
一	×	×
	√	√
二	√	×

注　√表示勾选，×表示不勾选。

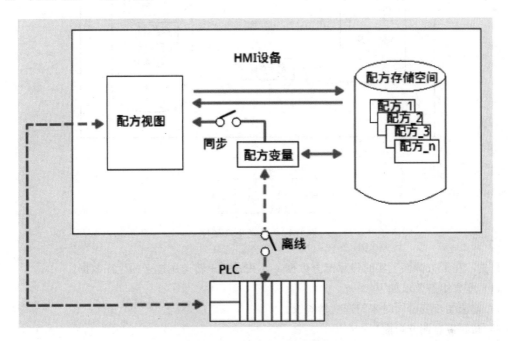

图 9-12　运行时输入配方数据

目的：要在不干扰当前正在进行的过程的前提下，在触摸屏设备上输入生产数据。

配方组态要求如下：

1）同步变量未勾选或者勾选同步变量同时也勾选了变量离线。

2）画面带有配方视图。

3）有一个用于保存数据记录的操作元素。

（2）组态配方时，未勾选同步变量的操作顺序。

将产品数据输入到配方视图的表格中。

1）在配方视图上，通过功能按钮，保存修改过的配方数据记录到配方存储空间（可以直接保存该条数据记录，也可另存为其他名称来保存修改后的数据记录）。

2）在配方视图上，通过到 PLC 按钮将配方数据传输给 PLC。

（3）组态配方时，勾选同步变量并且勾选离线的操作顺序。

首先，可以使用和以上未勾选同步变量操作方法进行操作。此外，还可使用以下这种方式进行操作：

1）修改成分对应变量所在的数字 IO 域值。

2）在配方视图上，使用同步变量按钮将 IO 域的值同步到配方表格中，在利用配方视图上的保存按钮保存修改后的值到配方存储空间中，同步按钮＋保存这两部操作也可用系统函数 Save-DataRecord（）替代。

3）在配方视图上，通过到 PLC 按钮将配方数据传输给 PLC，此外也可通过系统函数 SetDa-taRecordToPLC（）将配方数据从配方存储空间传输给 PLC。

4. 手动生产顺序（见图 9-13）

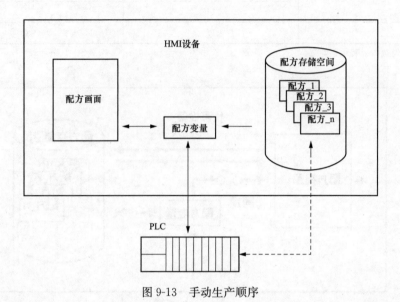

图 9-13　手动生产顺序

目的：在配方画面上实时显示配方数据，要在线更正转送送过来的生产数据。

（1）配方组态要求如下：

1）勾选同步变量同时未勾选变量离线。

2）画面带有配方画面。

3）有一个用于保存数据记录的操作元素。

（2）组态配方时，勾选同步变量同时未勾选变量离线的操作顺序。

1）直接在配方画面上查看和修改配方成分值，PLC 中的配方数据直接传送到配方画面，配方画面的数据修改完直接传送到 PLC 中。

2）通过系统函数 SetDataRecordToPLC（）将配方存储空间中的数据传送到 PLC 中、通过系统函数 GetDataRecordFromPLC（）将 PLC 的数据传送到配方存储空间、通过系统函数 LoadDataRecord（）将配方存储空间的数据传送到配方变量中。

 技能训练

一、训练目标

（1）学会创建配方管理画面。

（2）学会使用配方。

二、训练步骤与内容

1. 创建新工程

（1）启动 InoTouchPad 软件。

（2）单击执行"工程"菜单下的"新建"子菜单命令，在新建工程对话框，选择使用的触摸屏设备类型 IT7070E，然后输入"工程名称"，名为"应用配方"，并选择工程的保存位置，单击"确定"按钮，创建新工程。

2. 新建连接与变量

(1) 新建连接 1，使用 H5U Qlink TCP 协议。

(2) 新建变量 2，见表 9-3。

表 9-3　　　　　　　　　　　　　　　变量 2

名称	连接	数据类型	长度	数组计数	地址
变量_1	〈内部变量〉	Int16	2	1	LW 0
变量_2	〈内部变量〉	Int16	2	1	LW 1
D2	连接_1	Int16	2	1	D2
D3	连接_1	Int16	2	1	D3
D4	连接_1	Int16	2	1	D4
D5	连接_1	Int16	2	1	D5

3. 新建配方

(1) 双击工程视图中配方文件夹下的"添加配方"选项两次，添加配方_1 和配方_2。

(2) 双击配方_1，打开配方_1 的表格编辑器，并编辑配方。

1) 在配方中添加 3 个配方成分，分别命名为成分_1 [0]、成分_1 [1]、成分_1 [2]。

2) 设置对应的变量为 D2、D3、D4。

3) 变量初始值均设置为 6。

(3) 组态配方数据。

1) 单击配方_1 表格编辑器的数据记录页选项。

2) 添加两条数据记录。

3) 数据记录 1，成分_1 [0]、成分_1 [1]、成分_1 [2] 对应的数据设置为 11、12、13。

4) 数据记录 2，成分_1 [0]、成分_1 [1]、成分_1 [2] 对应的数据设置为 21、22、23。

4. 新建配方画面

(1) 拖曳配方视图画面 1。

(2) 设置配方视图控件属性，调整配方视图控件至适当大小。

5. 仿真调试

(1) 单击执行"编译"菜单下的"启动离线模拟器"子菜单命令，启动离线模拟器。

(2) 单击配方视图控件的配方名栏的下拉列表，选择配方_1，查看配方_1 表格显示。

(3) 单击配方视图控件的数据记录栏的下拉列表，选择数据记录 1，查看配方视图的显示。

(4) 新建数据记录 3。

1) 单击配方视图中的 🗎 新建按钮，弹出新建数据记录对话框，输入数据记录名"3"，单击"确定"按钮，完成数据记录 3 的新建。

2) 选择数据记录 3，双击成分_1 [0] 的对应"值"栏，打开数值输入器，单击按钮 3 和 1，再按"Enter"键，输入数据"31"。

3) 修改成分_1 [1]、成分_1 [2] 的值分别为 32 和 33。

4)"值"编辑完后，单击配方视图控件上的 🗎 "保存"按钮，将修改值写入到对应的配方数据记录中。

（5）单击配方视图控件的数据记录栏的下拉列表，选择数据记录 3，查看配方视图的显示。

 习题 9

    （1）如何创建配方变量？

    （2）如何创建配方？

    （3）如何创建配方记录？

    （4）如何查看和编辑配方数据？

    （5）如何导入、导出配方？

    （6）如何使用配方？

项目
九

项目十　应用系统函数

学习目标

（1）学会使用数据记录编辑器。
（2）学会使用数据记录。
（3）学会应用系统函数。
（4）学会使用脚本编辑器。
（5）学会调试脚本函数。

任务11　历　史　记　录

一、数据记录

1. 数据记录编辑器

"数据记录"编辑器中可以新建数据记录和指定其属性。

1）打开"数据记录"编辑器。单击如图 10-1 所示项目视图中"历史数据"→"数据记录"，即可打开如图右侧所示"数据记录"编辑器。

图 10-1　"数据记录"编辑器

2）表格编辑区。

a. 新建对象：单击表格左上角 + 完成新建。

b. 批量新建：单击"数据记录"编辑器左上角的新建按钮中的下拉列表，选择批量新建数量，完成设置后再新建即可批量新建。

c. 删除对象：单击需要删除的数据记录行表头后，左上角按钮变为删除符号按钮 ─ ，单击此按钮即可删除选中行。

d. 隐藏和显示列属性：右键列标题，弹出列属性选项，如图 10-2 所示，勾选需要显示的列即可。

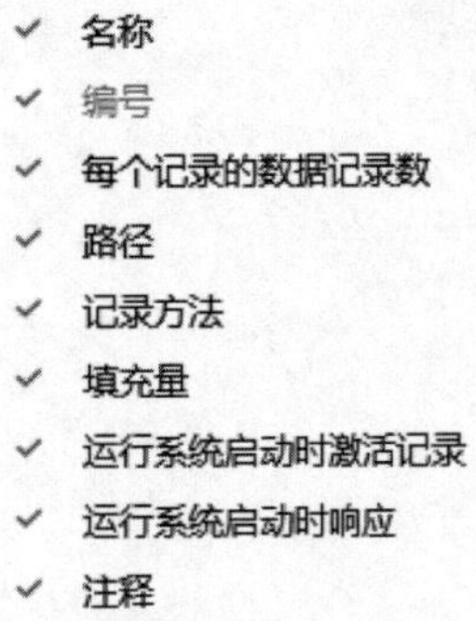

✓ **名称**
✓ 编号
✓ **每个记录的数据记录数**
✓ **路径**
✓ **记录方法**
✓ **填充量**
✓ 运行系统启动时激活记录
✓ 运行系统启动时响应
✓ **注释**

图 10-2 列属性选项

e. 列排序：左键单击列标题，左边出现排序的箭头，单击箭头，可以进行列数据排序。

3）属性视图区。属性视图提供与表格编辑区相同的属性设置功能，也有其独特的"事件"编辑功能。

事件说明：溢出事件指数据记录溢出时触发组态的脚本函数。事件项仅在"记录方法"组态"触发事件"时才可使用。

2. 数据记录的基本设置

（1）属性设置。

1）名称。数据记录的名称。

2）每个记录的数据记录数。每个报警记录，允许记录的最多数据记录条数。

3）路径。数据记录存储的位置，可以是存储在触摸屏上或者是在 U 盘、SD 卡上。

4）记录方法。

a. 循环记录：当记录完全填满时，最早的记录将被覆盖。

b. 触发事件：当记录完全填满时，触发溢出事件中组态的脚本函数。

c. 系统报警：当记录数据条数达到指定最大数量的百分比时，显示系统报警。

5）填充量。记录方法选择系统报警时使用，指定最大数量的百分比。

6）运行系统启动时激活记录。是否在触摸屏启动时就开启数据记录功能。

7）运行系统启动时响应。

a. 添加数据到现有记录的后面：触摸屏启动时保留之前的数据记录条目。

b. 记录清零：触摸屏启动时，清空之前的数据记录条目。

8）注释。对应记录的描述文本。

（2）记录变量值。

1）组态数据记录。打开"数据记录"编辑器，添加数据记录即可。

2）组态变量的记录。在"变量"编辑器中组态如图 10-3 所示。

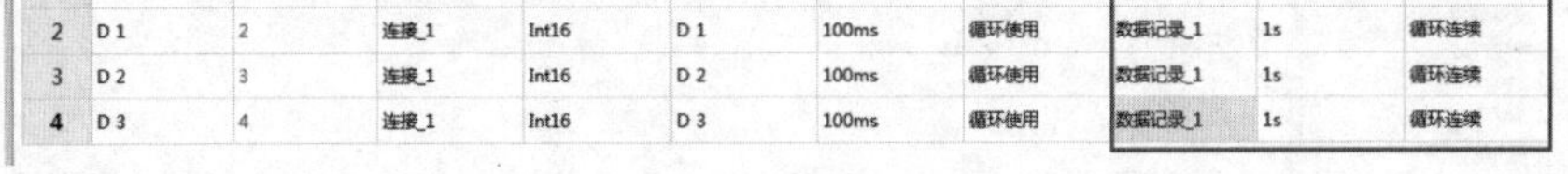

	名称	编号	连接	数据类型	地址	采集周期	采集模式	数据记录	记录周期	记录采集模式
1	LW0	1	<内部变量>	Int16	LW 0	100ms	循环使用	数据记录_1	1s	循环连续
2	D 1	2	连接_1	Int16	D 1	100ms	循环使用	数据记录_1	1s	循环连续
3	D 2	3	连接_1	Int16	D 2	100ms	循环使用	数据记录_1	1s	循环连续
4	D 3	4	连接_1	Int16	D 3	100ms	循环使用	数据记录_1	1s	循环连续

图 10-3 "变量"编辑器

数据记录：选择变量值记录到指定数据记录中。

记录周期：设置变量值多久记录一次。记录周期与"记录采集模式"相关，仅在采集模式为"循环连续"时，记录周期有效。

记录采集模式如下：

a. 变化时：在变量值发生变化时记录一次当前值。

b. 根据命令：通过调用"LogTag"系统函数记录变量值。

c. 循环连续：根据"记录周期"定时采集。

二、输出记录的数据

1. 数据视图上查看指定数据记录中的变量值

在画面中组态数据视图控件，组态数据视图，如图 10-4 所示，指定数据记录即可在触摸屏上看到指定数据记录中指定时间段内所有记录的变量值。

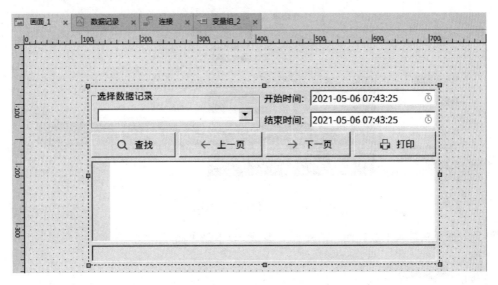

图 10-4　组态数据视图

2. 趋势视图上查看指定数据记录中的变量值

画面中组态趋势视图控件，趋势图中显示数据记录，如图 10-5 所示。在"趋势"中选择"趋势类型"为"记录"，组态相关变量，即可在趋势视图中显示指定变量的历史曲线图。

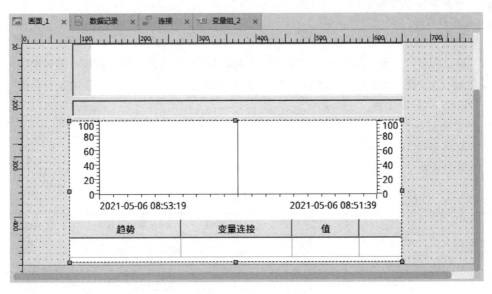

图 10-5　趋势图中显示数据记录

3. 触摸屏中导出数据记录

在触摸屏上插入 SD 盘，之后如图 10-6 所示，在控制面板视图中，依次操作，"进入控制面板"→"下载"→"导出"→"记录"→"数据记录"。导出文件为 ＊.csv 文件。

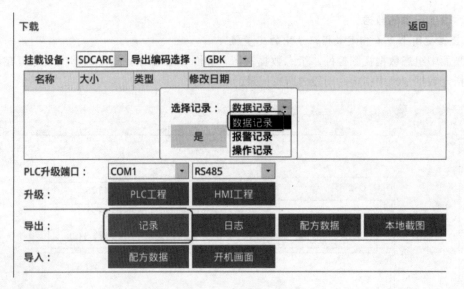

图 10-6　控制面板视图

注意：如无法进入下载界面，请检查 U 盘或 SD 卡是否插好。

 技能训练

一、训练目标

(1) 学会创建数据记录画面。

(2) 学会使用数据记录。

二、训练步骤与内容

1. 创建新工程

(1) 启动 InoTouchPad 软件。

(2) 单击执行"工程"菜单下的"新建"子菜单命令，在新建工程对话框，选择使用的触摸屏设备类型 IT7070E，然后输入"工程名称"，名为"数据记录"，并选择工程的保存位置，单击"确定"按钮，创建新工程。

2. 新建连接与变量

(1) 新建连接 1，使用 H5U Qlink TCP 协议。

(2) 新建变量 2，见表 10-1。

表 10-1　　　　　　　　　　　　　　　新建变量 2

名称	连接	数据类型	长度	数组计数	地址
变量_1	〈内部变量〉	Int16	2	1	LW 0
D1	连接_1	Int16	2	1	D1
D2	连接_1	Int16	2	1	D2
D3	连接_1	Int16	2	1	D3

3. 新建数据记录

(1) 展开项目视图区的历史数据选项。

(2) 双击"历史数据"下的"数据记录"选项，打开数据记录编辑器。

（3）单击表格左上角 + 按钮 3 次，新建 3 条数据记录。

（4）组态变量_2 中的 D1，关联数据记录 1。

4. 设计数据记录调试画面

（1）拖曳"数据视图"控件到画面 1。

（2）拖曳"趋势视图"控件到画面 1。

（3）单击"趋势视图"控件，单击其属性下的"趋势"，设置趋势变量为 D1。

5. 仿真调试

（1）单击执行"编译"菜单下的"启动离线模拟器"子菜单命令，启动离线模拟器。

（2）单击"数据视图"控件中的"选择数据记录"栏下拉列表，选择"数据记录 1"。

（3）单击"HMI Simulator"，打开 PLC 仿真调试器，在变量列第一行，选择变量 D1。

（4）在变量 D1 的设置数值栏，输入数值"1"，单击开始列的复选框，使变量 D1 仿真数值为 1；第二次输入数值"2"，单击开始列的复选框，使变量 D1 仿真数值为 2；第三次输入数值"3"，单击开始列的复选框，使变量 D1 仿真数值为 3；这样数据记录 1，记录了 3 个时间的 D1 数值。

（5）修改数据记录的时间，如图 10-7 所示；单击数据视图控件的"查找"按钮，选择变量 D1，可以看见数据记录 1 的 D1 当前数值。

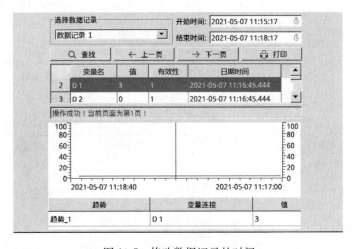

图 10-7　修改数据记录的时间

（6）单击"趋势视图"控件的"趋势"按钮，可见查看 D1 的变化趋势。

任务 12　应用系统函数

一、系统函数

1. 系统函数简介

InoTouchPad 提供了预定义的系统函数，以用于常规的组态任务。用户可以用它们在运行系统中完成许多任务，而无需编程技巧。

用户可以用运行脚本来解决更复杂的问题。运行脚本具有编程接口，可以访问运行系统中的部分项目数据。运行脚本的使用是针对具有 JavaScript 知识的项目设计者的。

2. 系统函数用途

可以在能对事件做出反应的所有对象上组态系统函数。主要在函数列表和脚本中使用，用以控制进程。

（1）函数列表。函数列表中的系统函数按序处理，也就是从第一个到最后一个系统函数。

（2）脚本。在脚本中，能够使用与代码中的命令和要求相关的系统函数。这样，可以根据指定系统状态执行脚本。

3. 系统函数分类

系统函数是预定义函数，在运行期间可用来执行许多任务，甚至不需要任何编程知识，例如：

（1）计算，例如以特定值或可变值增加变量值。

（2）记录功能，例如启动过程值记录。

（3）设置，例如更换 PLC 或在 PLC 中设置位。

（4）报警，例如在其他用户登录后发出报警。

1）画面相关系统函数，见表10-2。

表 10-2　　　　　　　　　　画面相关系统函数

序号	系统函数		描述	脚本调用
1	ActivateScreen (ScreenName)		通过画面名切换到指定的画面	支持 ActivateScreen（'画面_1'）；
	参数	ScreenName	画面名	
2	ActivateScreenByNumber (ScreenId)		通过画面编号切换到指定的画面	支持 ActivateScreenByNumber（SmartTags（'变量_1'）；
	参数	ScreenId	画面编号，变量值表示画面编号	
3	ActivatePreviousScreen		切换到之前显示的画面	支持 ActivatePreviousScreen（）；
4	ShowPopup		在指定位置显示弹出画面	支持 ShowPopup（'画面_2'，100，200）；
	参数	ScreenName	弹出画面名	
		posX	显示位置 X，默认居中显示。常数/变量	
		posY	显示位置 Y，默认居中显示。常数/变量	
5	HidePopup		隐藏弹出画面	支持 HidePopup（'画面_2'）；
	参数	ScreenName	弹出画面名	

2）计算相关系统函数，见表10-3。

表 10-3　　　　　　　　　　计算相关系统函数

序号	系统函数		描述	脚本调用
1	DecreaseValue (Tag，Value，Reset)		Tag＝Tag－Value	支持 DecreaseValue［SmartTags（'变量_1'），1，0］；
	参数	Tag (InOut)	变量，默认值为空	
		Value (In)	常数/变量，默认值1	
		Reset	重置，可选是/否，默认否，选择是时，变量减到下限值后，会重置为变量上限值	

序号	系统函数		描述	脚本调用
2	IncreaseValue（Tag，Value，Reset）		Tag＝Tag＋Value	支持 IncreaseValue［SmartTags（'变量_1'），1，1］；
	参数	Tag（InOut）	变量，默认值为空	
		Value（In）	常数/变量，默认值1	
		Reset	重置，可选是/否，默认否，选择是时，变量加到上限值后，会重置为下限值	
3	InverseLinearScaling（X，Y，b，a）		$X＝(Y－b)/a$，变量 X 和 Y 不能相同	支持 InverseLinearScaling（SmartTags（'变量_1'），SmartTags（'变量_2'），2，2）；
	参数	X（Out）	变量，默认值为空	
		Y（In）	变量，默认值为空	
		b（In）	常数/变量，默认值0	
		a（In）	常数/变量，默认值1	
4	LinearScaling（Y，X，a，b）		$Y＝(a×X)＋b$，变量 X 和 Y 不能相同	支持 LinearScaling（SmartTags（'变量_1'），3，SmartTags（'变量_2'），3）；
	参数	Y（Out）	变量，默认值为空	
		a（In）	常数/变量，默认值1	
		X（In）	变量，默认值为空	
		b（In）	常数/变量，默认值0	
5	SetValue（Tag，Value）		Tag＝Value	支持 SetValue（SmartTags（'变量_1'），22）；
	参数	Tag（InOut）	变量，默认值为空	
		Value（In）	常数/变量，默认值0	
6	Random（Tag）		取变量上下限范围的随机值	支持 Random（SmartTags（'变量_1'））；
	参数	Tag（Out）	变量，默认值为空	

3）记录相关系统函数，见表10-4。

表 10-4　　　　　　　　　　　　记录相关系统函数

序号	系统函数		描述	脚本调用
1	ClearLog（LogType，Log）		删除给定记录中的所有数据记录	
	参数	LogType（In）	数据记录/报警记录，默认值：数据记录	
		Log（In）	记录名称，默认值为空	
2	CloseAllLogs		断开运行系统与所有记录之间的连接。在关闭记录前，必须首先在记录中停止记录功能。使用系统函数"StopLogging"	
3	OpenAllLogs		建立运行系统和记录之间的连接。可继续记录。调用"StartLogging"重新开始记录	不支持
4	LogTag（Tag）		将给定变量的值保存在给定的数据记录中。用于变量记录模式"根据命令"	
	参数	Tag（In）	要记录其值的变量，默认值为空	
5	StartLogging（LogType，Log）		开始给定记录的记录	
	参数	LogType（In）	数据记录/报警记录，默认值：数据记录	
		Log（In）	记录名称，默认值为空	

续表

序号	系统函数		描述	脚本调用
6	StopLogging（LogType，Log）		停止给定记录的记录	不支持
	参数	LogType（In）	数据记录/报警记录，默认值：数据记录	
		Log（In）	记录名称，默认值为空	
7	LogTagGroup（Tag）		将给定变量组的所有变量值保存在给定的数据记录中；用于变量组记录模式"根据命令"	
	参数	Group（In）	要记录其值的变量组，默认值为空	
8	ClearOperationRecord		删除操作记录	

4）位操作相关系统函数，见表10-5。

表 10-5　　　　　　　　　　位操作相关系统函数

序号	系统函数		描述	脚本调用
1	InvertBit（Tag）		对给定的"Bool"型变量的值取反	支持 InvertBit（SmartTags（'变量_1'））;
	参数	Tag（InOut）	变量，默认值为空	
2	InvertBitInTag（Tag，Bit）		对给定变量中的位取反	支持 IncreaseValue（SmartTags（'变量_2'），1，0）;
	参数	Tag（InOut）	变量，默认值为空	
		Bit（In）	位号，默认值：0，范围为0～31	
3	ResetBit（Tag）		将"Bool"型变量的值设置为0	支持 ResetBit（SmartTags（'变量_1'））;
	参数	Tag（InOut）	变量，默认值为空	
4	ResetBitInTag（Tag，Bit）		将给定变量中的一个位设置为0	支持 ResetBitInTag（SmartTags（'变量_2'），0）;
	参数	Tag（InOut）	变量，默认值为空	
		Bit（In）	位号，默认值：0，范围为0～31	
5	SetBit（Tag）		将"Bool"型变量的值设置为1	支持 SetBit（SmartTags（'变量_1'））;
	参数	Tag（InOut）	变量，默认值为空	
6	SetBitInTag（Tag，Bit）		将给定变量中的一个位设置为1	支持 SetBitInTag（SmartTags（'变量_2'），0）;
	参数	Tag（InOut）	变量，默认值为空	
		Bit（In）	位号，默认值：0，范围为0～31	

5）用户管理相关系统函数，见表10-6。

表 10-6　　　　　　　　　　用户管理相关系统函数

序号	系统函数		描述	脚本调用
1	GetAuthorization		把当前登录的用户所属组的权限写入到指定的变量	不支持
	参数	Tag（Out）	写入变量，默认值为空。变量只能为Int32类型	

续表

序号	系统函数		描述	脚本调用
2	GetGroupNumber（Tag）		把当前登录的用户的组编号写入到指定的变量	
	参数	Tag（Out）	写入变量，默认值为空	
3	GetPassword（Tag）		把当前登录的用户密码写入到指定的变量	
	参数	Tag（Out）	写入变量，默认值为空	
4	GetUserName（Tag）		把当前登录的用户名写入到指定的变量	
	参数	Tag（Out）	写入变量，默认值为空	
5	Logoff		用户登出	不支持
6	Logon（UserName，Password）		用户登录	
	参数	UserName（In）	用户名，默认值为空。变量只能为 String 类型	
		Password（In）	用户密码，默认值为空。变量只能为 String 类型	
7	RemoveUser（UserName）		管理员组用户通过用户名删除用户，admin 用户不可删除	
	参数	UserName（In）	用户名，默认值为空	
8	ShowLogonDialog		弹出登录对话框	

6）报警相关系统函数，见表 10-7。

表 10-7　　　　　报警相关系统函数

序号	系统函数		描述	脚本调用
1	ClearAlarmBuffer		删除触摸屏设备报警缓冲区中的报警。尚未确认的报警也被删除	
2	ShowAlarmWindow（ObjectName，DisplayMode）		隐藏/显示触摸屏设备上的报警窗口	不支持
	参数	ObjectName	报警窗口对象名称	
		DisplayMode	否：隐藏报警画面。是：显示报警画面。切换：在两种模式之间切换	

7）配方相关的系统函数，见表 10-8。

表 10-8　　　　　配方相关的系统函数

序号	系统函数		描述	脚本调用
1	DeleteDataRecord（…）		删除配方数据记录	
	参数	Recipe number/name（In）	配方号/名称	
		Data record number/name（In）	数据记录号	
		Confirmation（In）	确认，值范围：是/否	
		Processing status(Out optional)	处理状态：2表示准备就绪，4表示执行成功，12表示执行失败	不支持
2	GetDataRecordFromPLC（…）			
	参数	Recipe number/name（In）	配方号/名称	
		Data record number/name（In）	数据记录号	
		Overwrite（In）	覆盖，值范围：是/否/带确认	
		Processing status（Out optional）	处理状态：2表示准备就绪，4表示执行成功，12表示执行失败	

序号	系统函数		描述	脚本调用
3	GetDataRecordName（…）			
	参数	Recipe number（In）	配方号/名称	
		Data record number（In）	数据记录号	
		Recipe name（Out）	配方名	
		Data record name（Out）	数据记录名	
		Processing status（Out optional）	处理状态：2表示准备就绪，4表示执行成功，12表示执行失败	
4	GetDataRecordTagsFromPLC（…）			
	参数	Recipe number/name（In）	配方号/名称	
		Processing status（Out optional）	处理状态：2表示准备就绪，4表示执行成功，12表示执行失败	
5	LoadDataRecord（…）			
	参数	Recipe number/name（In）	配方号/名称	
		Data record number/name（In）	数据记录号	
		Processing status（Out optional）	处理状态：2表示准备就绪，4表示执行成功，12表示执行失败	
6	SaveDataRecord（…）			
	参数	Recipe number/name（In）	配方号/名称	
		Data record number/name（In）	数据记录号	
		Overwrite（In）	覆盖，值范围：是/否/带确认	
		Processing status（Out optional）	处理状态：2表示准备就绪，4表示执行成功，12表示执行失败	不支持
7	SetDataRecordTagsToPLC（…）			
	参数	Recipe number/name（In）	配方号/名称	
		Processing status（Out optional）	处理状态：2表示准备就绪，4表示执行成功，12表示执行失败	
8	SetDataRecordToPLC（…）			
	参数	Recipe number/name（In）	配方号/名称	
		Data record number/name（In）	数据记录号	
		Processing status（Out optional）	处理状态：2表示准备就绪，4表示执行成功，12表示执行失败	
9	SetRecipeTags（…）		设置配方变量的在线/离线状态	
	参数	Recipe number/name（In）	配方号/名称	
		Status（In）	状态，值范围：在线/离线	
		Output status message（In）	输出状态消息，值范围：是/否	
		Processing status（Out optional）	处理状态：2表示准备就绪，4表示执行成功，12表示执行失败	
10	ExportDataRecords		导出数据记录	
	参数	Recipe number/name（In）	配方号/名称	
		Path	路径	
		Code	编码，GBK	
		Processing status（Out optional）	处理状态：2表示准备就绪，4表示执行成功，12表示执行失败	

项目十

序号	系统函数		描述	脚本调用
11	ImportDataRecords		导入数据记录	不支持
	参数	Path	路径	
		File name	文件名	
		Processing status（Out optional）	处理状态：2 表示准备就绪，4 表示执行成功，12 表示执行失败	

8）打印相关的系统函数，见表 10-9。

表 10-9 　　　　　　　　　　**打印相关的系统函数**

序号	系统函数		描述	脚本调用
1	PrintScreen（path）		打印当前画面，未接打印机时截屏保存到 U 盘	不支持
	参数	Path	截屏保存目录：Local 触摸屏/Storage Card/U Disk	
2	PrintAlarm（Screen object）		打印某个报警视图中的内容	
	参数	Screen object（In）	画面对象，此处只能选择报警视图控件	
3	PrintLog（Screen object）		打印某个数据视图中的内容	
	参数	Screen object（In）	画面对象，此处只能选择数据视图控件	
4	PrintRecipe（Screen object）		打印某个配方视图中的内容	
	参数	Screen object（In）	画面对象，此处只能选择配方视图控件	

9）系统设置相关的系统函数，见表 10-10。

表 10-10 　　　　　　　　　　**系统设置相关的系统函数**

序号	系统函数		描述	脚本调用
1	SetConnectionMode（Connection，Mode）		连接或断开给定的连接	不支持
	参数	Connection（In）	连接名称	
		Mode（In）	值范围：在线/离线	
2	ChangeConnection（Connection，Station address）		更改指定连接的从站设备站地址	
	参数	Connection（In）	连接名称	
		Station address（In）	从站设备站地址	
3	UpdateTag（Tag）		取变量的最新值	
	参数	tag	变量	
4	SetLanguage（Language）		设置触摸屏设备上的语言	
	参数	language（In）	多国语言简称。可选择 Toggle 及多国语言简称；Toggle：切换到下一种语言	
5	SetStyle（styleSheet）		设置触摸屏设备上的全局样式	
	参数	styleSheet（In）	可选择 Toggle 及样式名；Toggle：切换到下一种样式	
6	SetBlacklightMode（BlacklightMode）		设置背光模式	
	参数	BlacklightMode（In）	关/开，默认值是开	
7	OpenControlPanel		打开触摸屏 Autorun 设置界面	
8	CalibrateTouchScreen		打开校准界面	

续表

序号	系统函数		描述	脚本调用
9	RestoreFactorySettings		恢复出厂设置	
10	Sync		同步内存中的数据写入到磁盘，在退出/重启时需要先调用此函数保存所有数据都已经同步到磁盘	不支持
11	Reboot		重启触摸屏 Runtime 所在的操作系统	

10）用于画面对象的操作函数，见表10-11。

表 10-11　　　　　　　　　　用于画面对象的操作函数

序号	系统函数		描述	脚本调用
1	AlarmViewAcknowledgeAlarm （Screen object）		在指定的报警视图里确认报警	
	参数	Screen object（In）	画面对象，此处只能选择报警视图控件	
2	AlarmViewShowOperatorNotes （Screen object）		在指定的报警视图里显示操作员注意事项，这个内容就是在模拟量/离散量报警中组态的信息文本	
	参数	Screen object（In）	画面对象，此处只能选择报警视图控件	
3	RecipeViewDeleteDataRecord （Screen object）		删除当前显示在配方视图中的数据记录	
	参数	Screen object（In）	画面对象，此处只能选择配方视图控件	
4	RecipeViewGetDataRecordFromPLC （Screen object）		将 PLC 中当前装载的数据记录传送至触摸屏设备并在配方视图中显示	
	参数	Screen object（In）	画面对象，此处只能选择配方视图控件	
5	RecipeViewNewDataRecord （Screen object）		在给定配方视图中创建新数据记录	
	参数	Screen object（In）	画面对象，此处只能选择配方视图控件	
6	RecipeViewSaveAsDataRecord （Screen object）		以新名称保存当前在配方视图中显示的数据记录	不支持
	参数	Screen object（In）	画面对象，此处只能选择配方视图控件	
7	RecipeViewSaveDataRecord （Screen object）		保存当前显示在配方视图中的配方数据记录	
	参数	Screen object（In）	画面对象，此处只能选择配方视图控件	
8	RecipeViewSetDataRecordToPLC （Screen object）		将当前显示在配方视图中的配方数据记录传送到 PLC	
	参数	Screen object（In）	画面对象，此处只能选择配方视图控件	
9	RecipeViewShowOperatorNotes （Screen object）		显示给定配方视图的已组态信息文本	
	参数	Screen object（In）	画面对象，此处只能选择配方视图控件	
10	RecipeViewSynchronizeDataRecordWithTags （Screen object）		将成分变量的值同步到当前配方视图中显示的数据记录中	
	参数	Screen object（In）	画面对象，此处只能选择配方视图控件	
11	TrendViewBackToBeginning （Screen object）		在趋势视图中向后翻页到趋势记录的开始处，趋势记录的起始值将显示在此处	
	参数	Screen object（In）	画面对象，此处只能选择趋势视图控件	

项目十

序号	系统函数		描述	脚本调用
12	TrendViewRulerBackward（Screen object)		在趋势视图中将标尺向后移	不支持
	参数	Screen object（In）	画面对象，此处只能选择趋势视图控件	
13	TrendViewRulerForward（Screen object）		在趋势视图中将标尺向前移	
	参数	Screen object（In）	画面对象，此处只能选择趋势视图控件	
14	TrendViewScrollBack（Screen object）		在趋势视图中向后回滚一个显示宽度	
	参数	Screen object（In）	画面对象，此处只能选择趋势视图控件	
15	TrendViewScrollForward（Screen object）		在趋势视图中向前回滚一个显示宽度	
	参数	Screen object（In）	画面对象，此处只能选择趋势视图控件	
16	TrendViewSetRulerMode（Screen object）		在趋势视图中隐藏或显示标尺。标尺显示与 X 值相关联的 Y 值	
	参数	Screen object（In）	画面对象，此处只能选择趋势视图控件	
17	TrendViewStartStop（Screen object）		停止或继续趋势视图中的趋势记录	
	参数	Screen object（In）	画面对象，此处只能选择趋势视图控件	

11）自由协议函数，见表 10-12。

表 10-12　　　　　　　　自由协议函数

序号	系统函数		描述	脚本调用
1	FreeIn（Connection）		接收数据，返回值为 Array 数组	支持 FreeIn（'连接_1'）；
	参数	Connection（In）	组态的自由协议名称	
2	FreeOut（Connection，Array）		发送数据，将 array 数组内容发送出去	支持 var a＝new Array（）； a［0］＝1； FreeOut（'连接_1'，a）；
	参数	Connection（In）	组态的自由协议名称	
		Array（In）	要发送的数据数组	
3	AddCRC16（Array）		添加 CRC16 校验数据到 Array	支持 var a＝new Array（）； a［0］＝1； a［2］＝2； AddCRC16（a）；
	参数	Array	要进行 CRC 校验的数据数组	
4	AddCheckSum（Array）		添加校验和到 Array	支持 var a＝new Array（）； a［0］＝1； a［2］＝2； AddCheckSum（a）；
	参数	Array	要进行校验和的数据数组	

12）定时器函数，见表 10-13。

表 10-13　　　　　　　　定时器函数

序号	系统函数		描述	脚本调用
1	SetInterval（expression，value）		设置定时器，到达指定的时间后，执行相应的函数（循环多次执行）	支持 function　add（） ｛ 　var val＝SmartTags（"变量_1"）； 　SmartTags（"变量_1"）＝val＋1； ｝ SetInterval（add，1000）；
	参数	expression	被执行的函数名	
		Value	指定定时时间，单位为 ms	

续表

序号	系统函数		描述	脚本调用
2	ClearInterval（timer）		清除定时器，和 SetInterval 配对使用	支持 　var timer ＝ SetInterval（add，1000）； ClearInterval（timer）；
	参数	Timer	用 SetInterval 创建的定时器	

3	SetTimeout（expression，value）		设置定时器，到达指定的时间后，执行相应的函数（只会执行一次）	支持
				function add（）
				{
				　var val＝SmartTags（"变量_1"）；
				　SmartTags（"变量_1"）＝val＋1；
				}
				SetTimeout（add，1000）；

	参数	expression	被执行的函数名	
	参数	Value	指定定时时间，单位为 ms	
4	ClearTimeout（timer）		清除定时器，和 SetTimeout 配对使用	支持 　var timer ＝ SetTimeout（add，1000）； ClearTimeout（timer）；
	参数	用 SetInterval 创建的定时器	用 SetTimeout 创建的定时器	

13）数据操作函数，见表 10-14。

表 10-14　　　　　　　　　数据操作函数

序号	系统函数		描述	脚本调用
1	SwapByte（value）		交换高低字节	支持 var tag＝－32768； tag ＝SwapByte（tag）； tag 输出值为：128
	参数	Value（In）	操作对象	
2	SwapWord（value）		交换高低字	支持 var tag＝－2147483648； tag＝SwapWord（tag）； tag 输出值为：32768
	参数	Value（In）	操作对象	
3	LowByte（value）		取低字节的值	支持 var tag＝－32640； tag＝LowByte（tag）； tag 输出值为：128
	参数	Value（In）	被取对象	
4	HighByte（value）		取高字节的值	支持 var tag＝－32640； tag＝HighByte（tag）； tag 输出值为：－32768
	参数	Value（In）	操作对象	
5	LowWord（value）		取低字的值	支持 var tag＝－2147450880； tag＝LowWord（tag）； tag 输出值为：32768
	参数	Value（In）	操作对象	
6	HighWord（value）		取高字的值	支持 var tag＝－2147483648； tag＝HighWord（tag）； tag 输出值为：－2147483648
	参数	Value（In）	操作对象	

4. 函数列表的使用

当组态事件发生时，多个系统函数和脚本能通过函数列表执行。

（1）使用函数列表。在按钮的事件中使用函数列表，使用函数列表如图 10-8 所示。函数操作控制按钮功能见表 10-15。

图 10-8　使用函数列表

表 10-15　　　　　　　　　　　　　　　**函数操作控制按钮功能**

控制按钮	按钮功能
＋	将选择函数列表中选中的函数添加到执行函数列表
－	将执行列表中选中的函数删除
↑	将执行函数列表中选中的函数上移一行
↓	将执行函数列表中选中的函数下移一行
⊨	展开执行函数列表的项
☰	收缩执行函数列表中的项

（2）函数列表的属性。

同一项目可使用不同的触摸屏设备。在项目中改变触摸屏设备时，选定的触摸屏设备不支持的所有系统函数和脚本都会标记为黄色。不支持的系统函数也不能在运行时执行。

函数列表中的系统函数和脚本在运行时按从上至下的顺序处理。为了避免等待时间，需要较长的运行时间的系统函数同时处理。例如，即使前一个系统函数还未完成，后一个系统函数也可以先被执行。

二、运行脚本

1. 脚本的用途

运行系统中使用脚本，可以在项目中实现单个解决方案。

（1）组态高级函数列表。通过调用脚本中的系统函数和其他脚本，可以像使用函数列表一样来使用脚本。根据条件执行脚本中的系统函数和脚本，或重复执行它们。然后将该脚本添加到函数列表中。

（2）编写新函数。脚本在整个项目中可用。可以将脚本当作系统函数一样使用。可以为这些脚本定义发送参数和返回值。例如可以使用脚本来转换数值。

2.脚本编辑器

（1）脚本编辑器简介。单击项目视图区的脚本选项左边的"＋"符号，展开脚本选项。双击脚本选项下的"添加脚本"选项，打开脚本编辑器。脚本编辑器如图 10-9 所示。

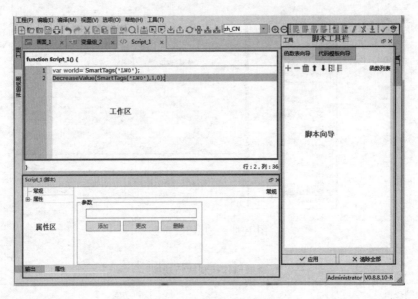

图 10-9　脚本编辑器

1）"脚本"工具栏。用于同步对象和变量以及用于检查脚本语法的命令位于"脚本"工具栏中。

2）工作区。在工作区域中可创建和编辑脚本。

3）属性视图。在属性视图中可对脚本进行组态。用户可确定脚本是过程还是函数。此外还可声明用于脚本的参数。

4）"脚本向导"。在"脚本向导"中，可以像在函数列表中那样使用所分配的参数建立系统函数和脚本。已归档的系统函数和脚本也可以从"脚本向导"传送到激活的脚本中。这样，用户只需执行一次参数分配。

（2）脚本编辑器属性。

1）自动补全。当访问 JavaScript 对象模型下的系统函数时，由智能自动补全提供支持，当输入字符时会将匹配的函数罗列出来提供快速选择。

2）语法高亮。在脚本编辑器中，关键字用不同的颜色着重标记，关键字标记如图 10-10 所示。

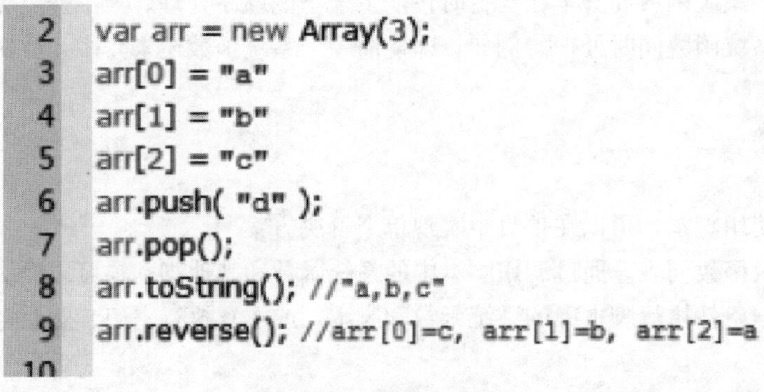

```
2   var arr = new Array(3);
3   arr[0] = "a"
4   arr[1] = "b"
5   arr[2] = "c"
6   arr.push( "d" );
7   arr.pop();
8   arr.toString(); //"a,b,c"
9   arr.reverse(); //arr[0]=c, arr[1]=b, arr[2]=a
10
```

图 10-10　关键字标记

3）对象列表。在工作区单击右键弹出菜单，通过单击菜单选项将脚本对象以列表的形式展示出来提供编程选择，对象列表如图 10-11 所示。

3. 脚本语法

（1）JavaScrip 简介。InoTouchPad 脚本采用的是 JavaScript 代码编写，具有更高的灵活性，可以完成一些运算逻辑等。

JavaScript 是互联网上最流行的脚本语言，这门语言可用于 HTML 和 Web，更可广泛用于服务器、PC、笔记本电脑、平板电脑和智能手机等设备。一个工程中，最多可创建 100 个脚本，且脚本中不能相互调用。

（2）JavaScript 字面量。在编程语言中，一般固定值称为字面量：

1）数字（Number）字面量，可以是整数或者是小数，或者是科学计数（e），例如：3.14、1001、123e5。

2）字符串（String）字面量，可以使用单引号或双引号："John Doe"'John Doe'。

3）表达式字面量，用于计算：5+6、5*10。

4）数组（Array）字面量，定义一个数组：［40，100，1，5，25，10］。

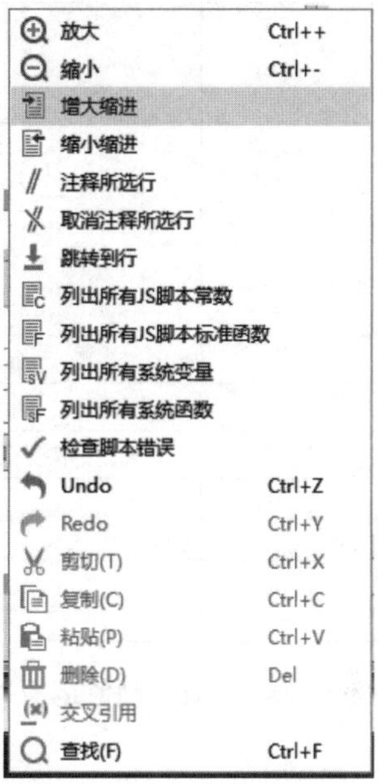

图标	名称	快捷键
⊕	放大	Ctrl++
⊖	缩小	Ctrl+-
	增大缩进	
	缩小缩进	
//	注释所选行	
	取消注释所选行	
	跳转到行	
	列出所有JS脚本常数	
	列出所有JS脚本标准函数	
	列出所有系统变量	
	列出所有系统函数	
✓	检查脚本错误	
↶	Undo	Ctrl+Z
↷	Redo	Ctrl+Y
	剪切(T)	Ctrl+X
	复制(C)	Ctrl+C
	粘贴(P)	Ctrl+V
	删除(D)	Del
	交叉引用	
Q	查找(F)	Ctrl+F

图 10-11　对象列表

5）对象（Object）字面量，定义一个对象：{firstName:"John", lastName:"Doe", age：50, eyeColor:"blue"}。

6）函数（Function）字面量，定义一个函数：function myFunction (a, b) { return a*b;}。

（3）JavaScript 变量。在编程语言中，变量用于存储数据值。JavaScript 使用关键字 var 来定义变量，使用等号来为变量赋值，例如：

var x, length;

x=5;

length=6;

可以在一条语句中声明很多变量。语句以 var 开头，并使用逗号分隔变量即可，例如：

var lastname="Doe", age=30, job="carpenter";

声明也可横跨多行，例如：

var lastname="Doe",

age=30,

job="carpenter";

在计算机程序中，经常会声明无值的变量。未使用值来声明的变量，其值实际上是 undefined。

变量可以通过变量名访问。在指令式语言中，变量通常是可变的。字面量是一个恒定的值。变量可以使用短名称（比如 x 和 y），也可以使用描述性更好的名称（比如 age，sum，totalvolume）。

注意：变量可以字母开头，也可以 $ 和 _符号开头（不过不推荐这么使用），变量名称对大小写敏感（y 和 Y 是不同的变量）。

（4）JavaScript 操作符。

1）JavaScript 算术运算符，见表 10-16。

表 10-16   **JavaScript 算术运算符**

运算符	描述	例子
+	加法	$x=y+2$ +运算符可用于把文本值或字符串变量加起来（连接起来），例如：txt1="What a very "；txt2="nice day"；txt3=txt1+txt2；txt3 结果为" What a very nice day"。此外，+运算符也可将字符串和数字进行加法运算，例如：z=" Hello" +5；z结果为" Hello5"
−	减法	$x=y-2$
*	乘法	$x=y*2$
/	除法	$x=y/2$
%	取模（余数）	$x=y\%2$
++	自增	$x=++y$ $x=y++$
−−	自减	$x=--y$ $x=y--$

2）JavaScript 赋值运算符，见表 10-17。

表 10-17   **JavaScript 赋值运算符**

运算符	描述	例子
=	赋值	$x=y$
+=	加后赋值	$x+=y$ 等同于 $x=x+y$
−=	减后赋值	$x-=y$ 等同于 $x=x-y$
*=	乘后赋值	$x*=y$ 等同于 $x=x*y$
/=	除后赋值	$x/=y$ 等同于 $x=x/y$
%=	取余后赋值	$x\%=y$ 等同于 $x=x\%y$

3）JavaScript 比较运算符。当 $x=6$ 时 JavaScript 比较运算符示例见表 10-18。

表 10-18   **当 $x=6$ 时 JavaScript 比较运算符示例**

运算符	描述	比较	返回值
==	等于	$x==6$	true
		$x==8$	false
===	绝对等于（值和类型均相等）	$x===6$	true
		$x===$ "6"	false
!=	不等于	$x!=8$	true
!==	不绝对等于（值和类型有一个 不相等或两个都不相等）	$x!==6$	false
		$x!==$ "6"	true
>	大于	$x>8$	false
<	小于	$x<8$	true
>=	大于等于	$x>=8$	false
<=	小于等于	$x<=8$	true

项目十

4）JavaScript 逻辑运算符。给定 x＝6 以及 y＝3 时 JavaScript 逻辑运算符示例见表 10-19。

表 10-19 　　　　　　　给定 x＝6 以及 y＝3 时 JavaScript 逻辑运算符示例

运算符	描述	例子
＆＆	逻辑与	（x＜10＆＆y＞1）为 true
｜｜	逻辑或	（x==5｜｜y==5）为 false
！	逻辑非	！（x==y）为 true

5）JavaScript 条件运算符，见表 10-20。

表 10-20 　　　　　　　　　　　　JavaScript 条件运算符

运算符	描述	例子
？：	条件赋值	voteable＝（age＜18)?"年龄太小":"年龄已达到"； 如果变量 age 中的值小于 18，则向变量 voteable 赋值"年龄太小"，否则赋值" 年龄已达到"

（5）JavaScript 语句分隔。JavaScript 语句是用分号分隔，例如：

x＝5＋6；

y＝x＊10；

（6）JavaScript 关键字。JavaScript 关键字用于标识要执行的操作，和其他任何编程语言一样，JavaScript 保留了一些关键字为自己所用，JavaScript 关键字如图 10-12 所示。

abstract	else	instanceof	super
boolean	enum	int	switch
break	export	interface	synchronized
byte	extends	let	this
case	false	long	throw
catch	final	native	throws
char	finally	new	transient
class	float	null	true
const	for	package	try
continue	function	private	typeof
debugger	goto	protected	var
default	if	public	void
delete	implements	return	volatile
do	import	short	while
double	in	static	with

图 10-12　JavaScript 关键字

（7）JavaScript 注释。

JavaScript 不会执行注释。因此可以添加注释来对 JavaScript 进行解释，或者提高代码的可读性。单行注释以//开头。本例用单行注释来解释代码，例如：

//输出标题

document. getElementById（"myH1"）. innerHTML="欢迎来到我的主页";

//输出段落

document. getElementById（"myP"）. innerHTML="这是我的第一个段落。";

多行注释以/＊开始，以＊/结尾。下面的例子使用多行注释来解释代码：

/＊下面的这些代码会输出一个标题和一个段落并将代表主页的开始＊/

document. getElementById（"myH1"）. innerHTML=" 欢迎来到我的主页";

document. getElementById（"myP"）. innerHTML=" 这是我的第一个段落";

使用注释来阻止执行，在下面的例子中，注释用于阻止其中一条代码行的执行：

//document. getElementById（"myH1"）. innerHTML=" 欢迎来到我的主页";

document. getElementById（"myP"）. innerHTML=" 这是我的第一个段落。";

在行末使用注释，在下面的例子中，可以把注释放到代码行的结尾处：

var x=5；//声明 x 并把 5 赋值给它

var y=x＋2；//声明 y 并把 x＋2 赋值给它

4. JavaScript 数据类型

（1）JavaScript 多种数据类型。

1）值类型（基本类型）：字符串（String）、数字（Number）、布尔（Boolean）、空（Null）、未定义（Undefined）。"

2）引用数据类型：对象（Object）、数组（Array）、函数（Function）。

JavaScript 拥有动态类型，这意味着相同的变量可用作不同的类型，例如：

var x；   //x 为 undefined

var x=5；   //现在 x 为数字

var x=" John";   //现在 x 为字符串

（2）声明变量类型。

当用户声明新变量时，可以使用关键词"new"来声明其类型，例如：

var carname=new String；

var x=   new Number；

var y=   new Boolean；

var cars=   new Array；

var person=new Object；

（3）JavaScript 数字。

JavaScript 只有一种数字类型。数字可以带小数点，也可以不带，例如：

var x1=34. 00；//使用小数点来写

var x2=34；   //不使用小数点来写

（4）JavaScript 布尔值。

布尔（逻辑）只能有两个值：true 或 false。例如：

var x=true；

var y=false；

（5）JavaScript 字符串。

字符串可以是引号中的任意文本。用户可以使用单引号或双引号，例如：

var carname=" Volvo XC60";

var carname='Volvo XC60'；

（6）JavaScript 数组。

下面的代码创建名为 cars 的数组：

var cars＝new Array（）；

cars［0］＝" Saab"；

cars［1］＝" Volvo"；

cars［2］＝" BMW"；

（7）JavaScript 对象。对象由花括号分隔。在括号内部，对象的属性以名称和值对的形式（name：value）来定义。属性由逗号分隔，例如：

var person＝ {firstname:" John", lastname:" Doe", id：5566}；

上面例子中的对象（person）有三个属性：firstname、lastname 以及 id，空格和折行无关紧要。声明可横跨多行，例如：

var person＝ {

firstname :" John",

lastname :" Doe",

id   : 5566

}；

对象属性有两种寻址方式，例如：

name＝person. lastname；

name＝person［" lastname"]；

（8）Undefined 和 Null。

Undefined 这个值表示变量不含有值，可以通过将变量的值设置为 null 来清空变量，例如：

cars＝null；

person＝null；

5. JavaScript 函数

函数就是包裹在花括号中的代码块，前面使用了关键词 function，当调用函数时，会执行函数内的代码。可以在某事件发生时直接调用函数（例如当用户单击按钮时），并且可由 JavaScript 在任何位置进行调用。JavaScript 对大小写敏感。关键词 function 必须是小写的，并且必须以与函数名称相同的大小写来调用函数。

（1）调用带参数的函数。

在调用函数时，用户可以向其传递值，这些值被称为参数。这些参数可以在函数中使用。用户可以发送任意多的参数，由逗号（,）分隔：myFunction（argument1，argument2）。

当用户声明函数时，请把参数作为变量来声明，例如：

function myFunction（var1，var2）{

代码

}

变量和参数必须以一致的顺序出现。第一个变量就是第一个被传递的参数的给定的值，以此类推。

（2）带有返回值的函数。

有时，我们会希望函数将值返回调用它的地方。通过使用 return 语句就可以实现。在使用 return 语句时，函数会停止执行，并返回指定的值。例如：

function myFunction（）{

```
    var x=5;
    return x;
}
```

执行 return 后，整个 JavaScript 并不会停止执行。JavaScript 将继续执行代码，从调用函数的地方执行。

（3）函数表达式。

JavaScript 函数可以通过一个表达式定义，函数表达式可以存储在变量中，例如：

var x=function (a，b) {return a * b};

在函数表达式存储在变量后，变量也可作为一个函数使用，例如：

var x=function (a，b) {return a * b};

var z=x (4，3);

此外，函数同样可以通过内置的 JavaScript 函数构造器（Function ()）定义，例如：

var myFunction=new Function (" a"," b"," return a * b");

var x=myFunction (4，3);

6. JavaScript 作用域

（1）JavaScript 局部作用域。

变量在函数内声明，变量为局部作用域。局部变量：只能在函数内部访问。因为局部变量只作用于函数内，所以不同的函数可以使用相同名称的变量。局部变量在函数开始执行时创建，函数执行完后局部变量会自动销毁。

//此处不能调用 carName 变量

function myFunction () {

var carName=" Volvo";

　　//函数内可调用 carName 变量

}

（2）JavaScript 全局变量。

变量在函数外定义，即为全局变量。全局变量有全局作用域：所有脚本和函数均可使用。

var carName=" Volvo";

　　//此处可调用 carName 变量

function myFunction () {

　　//函数内可调用 carName 变量

}

（3）JavaScript 变量生命周期。

JavaScript 变量生命周期在它声明时初始化，局部变量在函数执行完毕后销毁，全局变量在页面关闭后销毁。

7. JavaScript 条件语句

通常在写代码时，用户总是需要为不同的决定来执行不同的动作。用户可以在代码中使用条件语句来完成该任务。在 JavaScript 中，我们可使用以下条件语句：

if 语句——只有当指定条件为 true 时，使用该语句来执行代码。

if…else 语句——当条件为 true 时执行代码，当条件为 false 时执行其他代码。

if…else if…else 语句——使用该语句来选择多个代码块之一来执行。

switch 语句——使用该语句来选择多个代码块之一来执行。

项目十

130

（1）if 语句。只有当指定条件为 true 时，该语句才会执行代码。

if（condition）{

   //当条件为 true 时执行的代码

   }

（2）if…else 语句。使用 if…else 语句，在条件为 true 时执行代码，在条件为 false 时执行其他代码。

if（condition）{

   //当条件为 true 时执行的代码

}

else {

   //当条件不为 true 时执行的代码}

（3）if…else if…else 语句。使用 if…else if…else 语句来选择多个代码块之一来执行。

if（condition1）{

   //当条件 1 为 true 时执行的代码}

else if（condition2）{

   //当条件 2 为 true 时执行的代码

}

else {

   //当条件 1 和条件 2 都不为 true 时执行的代码

}

（4）switch 语句。使用 switch 语句来选择要执行的多个代码块之一。

switch（n）{

case 1：//执行代码块 1

break;

case 2：//执行代码块 2

break;

default：

   //与 case 1 和 case 2 不同时执行的代码

}

8. JavaScript 循环语句

如果用户希望一遍又一遍地运行相同的代码，并且每次的值都不同，那么使用循环是很方便的。JavaScript 支持不同类型的循环：

for——循环代码块一定的次数。

for/in——循环遍历对象的属性。

while——当指定的条件为 true 时循环指定的代码块。

do/while——同样当指定的条件为 true 时循环指定的代码块。

（1）for 语句。循环代码块一定的次数。

for（语句 1；语句 2；语句 3）{

   被执行的代码块}

语句 1（代码块）开始前执行，语句 2 定义运行循环（代码块）的条件，语句 3 在循环（代码块）已被执行之后执行。

（2）for/in 语句。循环遍历对象的属性。

var person＝ {fname:" John", lname:" Doe", age: 25};

for （x in person) //x 为属性名 {

txt＝txt＋person [x];

}

（3）while 语句。while 循环会在指定条件为真时循环执行代码块。

while （条件){

需要执行的代码

}

（4）do/while 语句。do/while 循环是 while 循环的变体。该循环会在检查条件是否为真之前执行一次代码块，然后如果条件为真的话，就会重复这个循环。

do {

需要执行的代码

}

while （条件);

9. JavaScript 的 break 和 continue 语句

（1）break 语句。break 语句可用于跳出循环，break 语句跳出循环后，会继续执行该循环之后的代码。

for （i＝0；i<10；i＋＋){

if （i＝＝3) break;

x＝x＋" The number is " ＋i＋"
";

}

（2）continue 语句。continue 语句中断循环中的迭代，如果出现了指定的条件，然后继续循环中的下一个迭代。

for （i＝0；i<10；i＋＋){

if （i＝＝3) continue;

x＝x＋" The number is " ＋i＋"
";

}

10. JavaScript 字母大小写

JavaScript 对大小写是敏感的，当编写 JavaScript 语句时，请留意是否关闭大小写切换键。函数 getElementById 与 getElementbyID 是不同的，同样，变量 myVariable 与 MyVariable 也是不同的。

11. JavaScript 字符集

JavaScript 使用 Unicode 字符集，Unicode 覆盖了所有的字符，包含标点等字符。

三、创建脚本

1. 访问变量

可以在脚本中访问项目中建立的外部和内部变量。变量值可以在运行时读取或更改。此外，可以在脚本中建立局部变量作为计数器或缓冲区存储器。脚本从运行系统存储器中获取外部变量的值。启动运行系统时，将从 PLC 读取实际值，并将其写入运行系统存储器。然后，会将变量值更新为设置周期时间。脚本会先访问从上一个扫描周期检查点处 PLC 读取的变量值。

脚本中使用 SmartTags （'变量名'）来访问项目中的变量，例如：

var a＝SmartTags （'LW0');

SmartTags（'LW0'）＝2021；

2. 在脚本中调用系统函数

可以从"脚本向导"或者右键菜单"列出所有系统函数"将系统函数插入脚本中。

例1：通过调用 DecreaseValue 将变量 LW0 的值减1。

DecreaseValue（SmartTags（'LW0'），1）；

例2：设置一个 1s 的定时器，定时给变量 LW0 的值加1。

```
function   add ()
{
    var val＝SmartTags（'LW0'）;
    SmartTags（'LW0'）＝val+1;
}
SetInterval（add，1000）;
```

例3：交换变量 LW0 的高低字节，LW0 为 Int16 类型。

var tag＝SmartTags（'LW0'）；

SmartTags（'LW0'）＝SwapByte（tag）；

3. 脚本动态绘图示例

在脚本中可以通过获取页面中的"画布"控件，对"画布"控件进行绘制操作，用户可以根据需要绘制高级的图形。

例4：绘制时钟。

脚本：

```
function clock () {
  var now＝new Date ();
  var canvas＝ScreenItem (" 画面_1"," 画布_1");
  if (canvas. draw2d)
{
    var ctx＝canvas. draw2d ();
    var w＝ctx. width ();
    var h＝ctx. height ();
    var r＝( (w>h)? h：w) /2-14;
ctx. manualUpdate＝true;
    ctx. save ();
    ctx. clearRect (0, 0, w, h);
    ctx. translate (w/2, h/2);
    ctx. rotate (-Math. PI/2);
    ctx. strokeStyle=" black";
    ctx. fillStyle=" white";
    ctx. lineWidth＝4;
    ctx. lineCap=" round";
    //Hour marks
    ctx. save ();
    ctx. beginPath ();
```

```
var i;
    for (i=0; i<12; i++) {
      ctx. rotate (Math. PI/6);
      ctx. moveTo (r-12, 0);
      ctx. lineTo (r, 0);
    }
    ctx. stroke ();
    ctx. restore ();
    //Minute marks
    ctx. save ();
    ctx. lineWidth=2;
    ctx. beginPath ();
    for (i=0; i<60; i++) {
      if (i%5! =0) {
        ctx. moveTo (r-4, 0);
        ctx. lineTo (r, 0);
    }
        ctx. rotate (Math. PI/30);
    }
    ctx. stroke ();
    ctx. restore ();
    var sec=now. getSeconds ();
    var min=now. getMinutes ();
    var hr   =now. getHours ();
    hr=hr>=12? hr-12: hr;
    ctx. fillStyle=" black";
    //write Hours
    ctx. save ();
    ctx. rotate (hr * (Math. PI/6) + (Math. PI/360) * min+ (Math. PI/21600) * sec);
    ctx. lineWidth=6;
    ctx. beginPath ();
    ctx. moveTo (r-140, 0);
    ctx. lineTo (r-40, 0);
    ctx. stroke ();
    ctx. restore ();
    //write Minutes
    ctx. save ();
    ctx. rotate ( (Math. PI/30) * min+ (Math. PI/1800) * sec);
    ctx. lineWidth=4;
    ctx. beginPath ();
    ctx. moveTo (r-148, 0);
```

```
ctx. lineTo (r-24，0);
ctx. stroke ();
ctx. restore ();
//Write seconds
ctx. save ();
ctx. rotate (sec * Math. PI/30);
ctx. strokeStyle=" #D40000";
ctx. fillStyle=" #D40000";
ctx. lineWidth=2;
ctx. beginPath ();
ctx. moveTo (r-150，0);
ctx. lineTo (r-20，0);
ctx. stroke ();
ctx. beginPath ();
ctx. arc (0，0，5，0，Math. PI * 2，true);
ctx. fill ();
ctx. beginPath ();
ctx. arc (r-20，0，5，0，Math. PI * 2，true);
ctx. stroke ();
ctx. fillStyle=" #555";
ctx. arc (0，0，3，0，Math. PI * 2，true);
ctx. fill ();
ctx. restore ();
ctx. beginPath ();
ctx. lineWidth=7;
ctx. strokeStyle=' #325FA2';
ctx. arc (0，0，r+7，0，Math. PI * 2，true);
ctx. stroke ();
ctx. restore ();
ctx. doUpdate ();
    }
}
SetInterval (clock，1000);
```

 技能训练

一、训练目标

(1) 学会创建脚本使用演示画面。

(2) 学会使用脚本绘制图形。

二、训练步骤与内容

1. 创建新工程

(1) 启动 InoTouchPad 软件。

（2）单击执行"工程"菜单下的"新建"子菜单命令，在新建工程对话框，选择使用的触摸屏设备类型IT7070E，然后输入"工程名称"，名为"B10-2脚本调用"，并选择工程的保存位置，单击"确定"按钮，创建新工程。

2. 创建脚本使用演示画面

（1）选择画面_1。

（2）拖曳文本域控件到画面_1，修改文本常规属性，在文本输入框中输入"脚本调用演示"。

（3）修改文本属性的"外观"，选择文本颜色为红色；修改"文本"的字体，选择"黑体，16"。

（4）拖曳增强控件"画布"到画面_1，修改布局属性，位置x＝110，位置y＝150，尺寸宽度300，尺寸高度300。

3. 添加脚本

（1）单击项目视图区的脚本选项左边的"＋"符号，展开脚本选项。

（2）双击脚本选项下的"添加脚本"选项，在添加脚本选项下，添加Script_1，同时打开Script_1脚本编辑器。

（3）在Script_1脚本工作区，添加绘制时钟脚本程序。

4. 仿真调试

（1）单击画面_1的画布控件，在事件属性下，选择"加载"，在用户脚本程序中，双击Script_1，选择加载Script_1，如图10-13所示。

（2）单击执行"编译"菜单下的"启动离线模拟器"子菜单命令，启动触摸屏仿真，仿真时钟运行如图10-14所示。

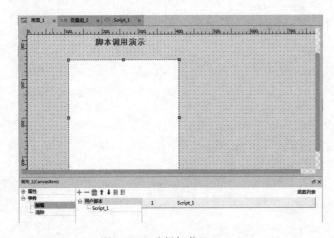

图 10-13　选择加载 Script_1

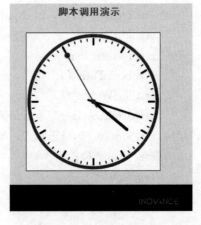

图 10-14　仿真时钟运行

 习题 10

（1）如何使用数据记录编辑器？

（2）如何使用数据记录？

（3）系统函数如何分类？

（4）如何应用系统函数？

（5）如何使用脚本编辑器？

（6）如何调试脚本函数？

项目十一　创建报表

学习目标

(1) 学会创建报表。

(2) 学会设置报表属性。

(3) 学会使用报表做统计。

任务 13　创　建　报　表

一、报表

1. 报表功能

在实际工程应用中，大多数监控系统需要对数据采集设备采集的数据进行存盘、统计分析，并根据实际情况打印出数据报表，所谓数据报表就是根据实际需要以一定格式将统计分析后的数据记录显示并打印出来，以便对系统监控对象的状态进行综合记录和规律总结。

数据报表在工业自动化控制（简称工控）系统中是必不可少的一部分，是整个工控系统的最终结果输出。实际中常用的报表形式有实时数据报表和历史数据报表（班报表、日报表、月报表）等，可给用户提供以下功能：

(1) 可以显示静态数据、实时数据、历史数据库中的历史记录以及对它们的统计结果。

(2) 可以方便、快捷地完成各种报表的显示。

(3) 可实现数据库查询功能和数据统计功能，可以很轻松地完成各种查询和统计任务。

(4) 可实现数据修改功能，并可将表格内容写入到指定变量中，使报表的制作更加完美。

(5) 可显示出多页报表。

2. 创建报表

在项目工程树中，双击"报表"下的"添加报表"，即可创建一张新报表，新报表如图 11-1 所示。

图 11-1　新报表

3. 报表属性和基本设置

在报表中，用户可对报表属性、报表单元格属性、报表历史单元格属性进行设置。报表属性编辑界面如图 11-2 所示。

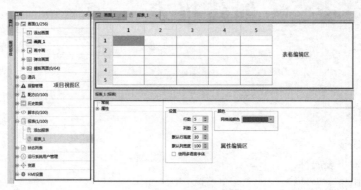

图 11-2　报表属性编辑界面

（1）报表属性设置。报表属性设置是指对整张报表属性进行设置，而非选中的单元格，属性设置界面如图 11-3 所示。

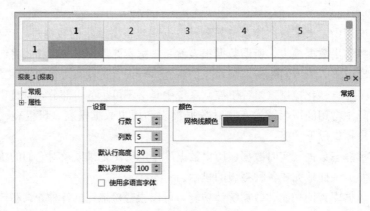

图 11-3　属性设置界面

1）进入报表属性编辑。用户在报表工作区需要对报表属性设置，可在工作区用鼠标单击报表表格外的区域，可显示报表属性设置框。此外，选中表格区域后，在报表右键菜单中选择"显示表格属性"也可弹出报表属性设置框，显示表格属性如图 11-4 所示。

图 11-4　显示表格属性

报表的"常规"属性见表 11-1。

表 11-1 报表的"常规"属性

属性项名称		描述
设置	行数	报表的行数，默认值为 5，可设置范围为 1~40
	列数	报表的列数，默认值为 5，可设置范围为 1~30
	默认行高度	报表新增行的默认行高度，默认值为 30，可设置范围为 10~200，更改此项时，会对整个报表表格的行高重新进行调整
	默认列宽度	报表新增列的默认列高度，默认值为 100，可设置范围为 10~200，更改此项时，会对整个表格的列宽重新进行调整
	使用多语言字体	勾选此项时，报表单个单元格在不同语言下可以设置不同的字体，不勾选则相反，单个单元格在不同语言下都使用相同的字体配置（无论是否勾选，各个单元格之间的字体配置都可以是不相同的）
颜色	网格线颜色	报表网格显示颜色

2）报表注释。在报表属性设置栏中的"属性"→"注释"中，可对当前报表功能进行注释标记。

（2）报表单元格属性设置。实时数据报表是实时地将当前数据对象的值按一定的报表格式（用户组态）显示和打印出来，它是对瞬时量的反映。实时数据报表由普通单元格构成。报表普通单元格属性设置是指对选中的单元格属性进行设置（可以是一个或多个单元格）。

1）单击选中单元格即可进入单元格属性编辑。

2）"常规"属性描述见表 11-2。

表 11-2 "常规"属性描述

属性项名称		描述
格式	使用小数点格式化	勾选此项时，小数点可编辑，可在小数点中设置单元格显示浮点数指定的显示小数位数。小数点位数设置范围为 0~13，默认值为 0。在运行系统中，单元格显示浮点数时，都会按指定的小数位显示输出
	使用开关文本	勾选此项时，开、关文本可编辑，可在开、关文本编辑框中自定义状态所对应要显示的文本。在运行系统中，单元格的值为 0 时，显示关文本，单元格值为非 0 时，显示开文本
	时间	可选择下拉列表中的时间显示格式。在运行系统中，单元格显示日期时间都会按用户指定的用户指定格式显示输出
单元格内容	可编辑	勾选此项时，所选的单元格在运行系统中，可对单元格进行编辑。取消勾选，只显示，不可编辑
	写入变量	勾选此项时，可选择写入变量，在运行系统中，可将单元格显示的值写入到指定变量中

3）"表达式"属性设置。

a. 关联表达式。用户如果选择关联表达式，则单元格按关联表达式的值输出，关联表达式可以是单个变量（相当于绑定一个变量）或单个常量，也可以是变量和变量表达式、变量和常量表达式、常量和常量的表达式。

b. 简单计算。用户如果选择简单计算，则单元格按用户指定参与的单元格进行指定运算输出，简单计算可实现四种运算方式，分别为求和、求平均、最大、最小四种运算。

c. 高级计算。用户如果选择高级计算，则单元格按高级计算表达式的值输出，高级计算是用指定单元格的值进行表达式运算，例如：

要实现第一行第一列单元格的值＋第一行第二列单元格的值，输出到第一行第三列单元格中显示，可进行如下组态，即选中第一行第三列单元格，在高级计算中输入表达式 R1C1＋R1C2，即可实现上述功能。

单元格的行用"R"标识，列用"C"标识，不区分大小写，单元格角标都是从1开始，例如：R1C1 表示第一行第一列。

对于关联表达式或高级计算表达式，编辑完后都可通过检测按钮进行表达式进行检查，若表达式有错，在状态栏会输出错误信息。

d. 表达式运算支持的运算符。

＋-＊/：四则运算。

()：括号。

pow (x, y)：幂函数。

sqrt ()：平方根函数。

sin, cos, tan：三角函数。

(3) 报表历史单元格属性设置。

历史数据报表是从历史数据库中提取存盘数据记录，把历史数据以一定的格式显示和打印出来。历史数据报表由历史单元格构成，选中普通单元格后，单击成组，则选中的单元格变成历史单元格，历史单元格会填充阴影显示。

历史单元格主要用于显示组记录中变量的历史数据。若要在报表中显示指定的变量，需要先将变量添加到组记录中，这里以变量组_2中的组记录为例：

1) 首先需要进入到变量组_2的工作区，右键显示组属性。

2) 然后执行显示组属性，即可看到变量组属性。

3) 接着，在变量组常规属性中，给组添加一条数据记录，并设置好触发模式（循环连续或根据命令），并设置好采集周期（触发模式为根据命令时无需设置）。

4) 最后，在"属性"→"记录变量"中，在所有变量中，选择需要记录到组记录中的变量，并作为历史表格可显示的数据源，这里以添加变量_1、变量_2、变量_4到记录变量作为历史表格可显示的数据源为例，添加变量如图11-5所示。

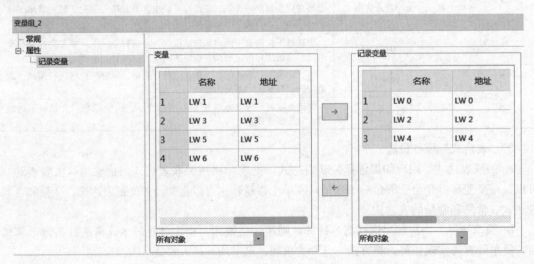

图 11-5　添加变量

二、报表常用操作

1. 顶部工具栏操作

（1）在报表编辑工作区编辑时，顶部工具栏中，可以对单元格进行以下功能操作。

1）字体设置：选中单个或多个单元格，可对单元格文本进行字体设置。

2）文本字号：选中单个或多个单元格，可对单元格文本进行字号设置。

3）字体加粗：选中单个或多个单元格，单击加粗按钮实现文本粗体显示。

4）斜体：选中单个或多个单元格，单击斜体钮实现文本斜体显示。

5）下划线显示：选中单个或多个单元格，单击下划线钮实现文本下划线显示。

6）左对齐：选中单个或多个单元格，单击左对齐钮实现文本在单元格居左显示。

7）中间对齐：选中单个或多个单元格，单击中间对齐钮实现文本在单元格居中显示。

8）右对齐：选中单个或多个单元格，单击右对齐钮实现文本在单元格居右显示。

（2）景色操作。

1）前景色：选中单个或多个单元格，可在前景色选项中选择单元格的前景颜色。

2）背景色：选中单个或多个单元格，可在背景色选项中选择单元格的背景颜色。

（3）排列操作。

1）对象等宽：选中多列，单击对象等宽按钮，则选中的多列会以最后选中的单元格所在列的宽度大小进行调整。

2）对象等高：选中多行，单击对象等高按钮，则选中的多行会以最后选中的单元格所在行的高度大小进行调整。

3）对象等大小：选中多行多列，单击对象等大小按钮，则选中的多行多列会以最后选中的单元格所在行列的宽高大小进行调整。

4）成组：选中单个或多个单元格，单击成组按钮，则将选中的单元格组合为历史单元格。

5）取消成组：选中单个或多个历史单元格，单击取消成组按钮，则选中的历史单元格恢复为普通单元格。

2. 右键功能操作

选中报表工作区，单击右键，会弹出右键功能菜单，选择相应的菜单命令，即可进行右键功能操作。

（1）合并：选中多个单元格，右键执行合并，则会合并成一个单元格。

（2）分割：选中合并后的单元格，右键执行分割，则会恢复成合并前的状态。

（3）插入行：选中一行或多行，右键执行插入行，则会在当前选中的最前一行的前面插入同样数量的行。

（4）删除行：选中一行或多行，右键执行删除行，则会删除选中的行。

（5）插入列：选中一列或多列，右键执行插入列，则会在当前选中的最前一列的前面插入同样数量的列。

（6）删除列：选中一列或多列，右键执行删除列，则会删除选中的列。

（7）多重复制：选中多行多列，右键执行多重复制，可有以下选项：

1）表达式变量。

按行：若用户选择按行多重复制，则选中的多个单元格会以最后一个选中单元格关联的变量为基准，从变量表中，选择以基准变量编号开始，往后查找同类型变量，并按行顺序自动填充到单元格的关联表达式中，若变量表中查询到的同类型变量数不够填充单元格，则填充完同类型变量后，用基准变量进行填充剩下的单元格。

按列：若用户选择按列多重复制，则选中的多个单元格会以最后一个选中单元格关联的变量为基准，从变量表中，选择以基准变量编号开始，往后查找同类型变量，并按列顺序自动填充到单元格的关联表达式中，若变量表中查询到的同类型变量数不够填充单元格，则填充完同类型变量后，用基准变量进行填充剩下的单元格。

2）写入变量。

按行：若用户选择按行多重复制，则选中的多个单元格会以最后一个选中单元格属性中的写入变量为基准，从变量表中，选择以基准变量编号开始，往后查找同类型变量，并按行顺序自动填充到单元格的写入变量中，若变量表中查询到的同类型变量数不够填充单元格，则填充完同类型变量后，用基准变量进行填充剩下的单元格。

按列：若用户选择按列多重复制，则选中的多个单元格会以最后一个选中单元格属性中的写入变量为基准，从变量表中，选择以基准变量编号开始，往后查找同类型变量，并按列顺序自动填充到单元格的写入变量中，若变量表中查询到的同类型变量数不够填充单元格，则填充完同类型变量后，用基准变量进行填充剩下的单元格。

（8）显示表格属性。选中报表工作区，右键执行显示表格属性，则属性设置框显示报表属性设置。

1）调整列宽操作。在报表工作区，可在报表行表头中，用鼠标在列与列交界处进行左右拖动，设置列宽。

2）调整行高操作。在报表工作区，可在报表列表头中，用鼠标在行与行交界处进行上下拖动，设置行高。

 技能训练

一、训练目标

（1）学会创建报表演示画面。

（2）学会使用报表。

二、训练步骤与内容

1. 创建新工程

（1）启动 InoTouchPad 软件。

（2）单击执行"工程"菜单下的"新建"子菜单命令，在新建工程对话框，选择使用的触摸屏设备类型 IT7070E，然后输入"工程名称"，名为"创建报表"，并选择工程的保存位置，单击"确定"按钮，创建新工程。

2. 创建统计报表

（1）在左侧项目树中，创建一张报表。

（2）在报表编辑器中，调整表格行列数，这里设置为 13 行 5 列。

（3）调整表格大小，比如标题行和汇总行调宽一些，需要合并的单元格进行合并，比如第一行标题栏，5 列合并成一个单元格显示标题。

（4）设置静态文本，比如报表标题、统计项、时间段等静态文本，直接在相应的单元格中输入文本即可。

（5）填充背景颜色，比如标题行背景设置成黄色，汇总栏设置成浅蓝色，统计报表外观如图 11-6 所示。

	1	2	3	4	5
1	xxx产线日产量统计表				
2	当日时段	当日良品数	当日NG数	当日总产量	当日合格率
3	8:00~9:00				
4	9:00~10:00				
5	10:00~11:00				
6	11:00~12:00				
7	12:00~13:00				
8	13:00~14:00				
9	14:00~15:00				
10	15:00~16:00				
11	16:00~17:00				
12	17:00~18:00				
13	汇总				

图 11-6　统计报表外观

3. 统计表统计功能实现

（1）在变量中创建当日良品数变量组和当日 NG 数变量组，并在相应的变量组中创建统计变量，变量设置如图 11-7 所示。良品变量设置为 LW550~LW559，不良品 NG 设置为 LW500~LW509。

图 11-7　变量设置

（2）在报表中，在"当日良品数"列和"当日 NG 数"列对应每个时段的单元格都分别关联在变量组中建立的统计关联变量，显示实时数据，比如 8：00～9：00 对应的当日良品数和当日 NG 数分别关联变量，当日良品数关联变量如图 11-8 所示。其他时段对应的"当日良品数"列和"当日 NG 数"列的单元格也是同样方式关联。

图 11-8　当日良品数关联变量

（3）在"当日总产量"列和"当日合格率"列中的单元格分别设置统计方式和统计表达式，比如 8：00～9：00 对应的当日总产量列和当日合格率列的单元格分别设置统计方式和统计表达式，当日合格率计算如图 11-9 所示。其他时段对应的"当日总产量"列和"当日合格率"列的单元格也是同样方式设置。

图 11-9　当日合格率计算

（4）在汇总行的每个单元格设置汇总统计方式对每列进行汇总，当日良品数汇总如图 11-10 所示。其他汇总单元格也是同样方式设置。

项目十一

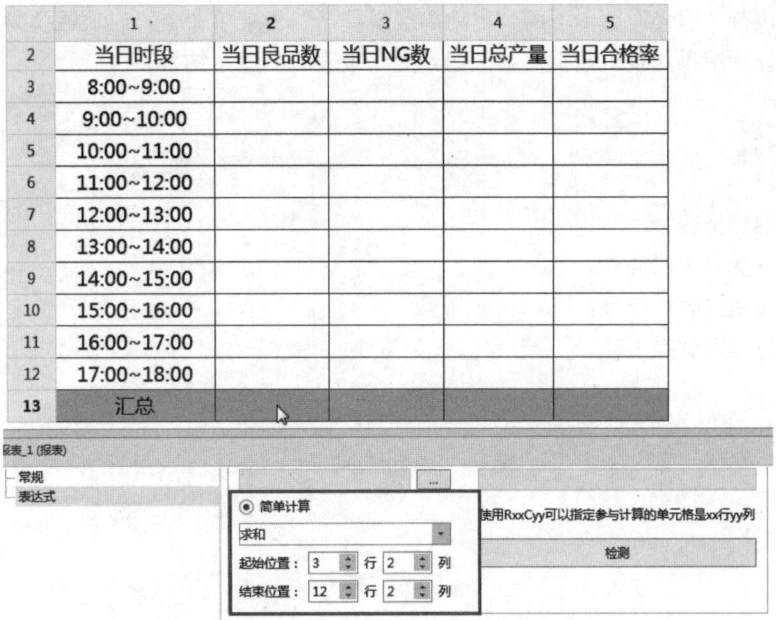

	1	2	3	4	5
2	当日时段	当日良品数	当日NG数	当日总产量	当日合格率
3	8:00~9:00				
4	9:00~10:00				
5	10:00~11:00				
6	11:00~12:00				
7	12:00~13:00				
8	13:00~14:00				
9	14:00~15:00				
10	15:00~16:00				
11	16:00~17:00				
12	17:00~18:00				
13	汇总				

报表_1 (报表)
- 常规
- 表达式

◉ 简单计算
求和
起始位置： 3 行 2 列
结束位置： 12 行 2 列

使用RxxCyy可以指定参与计算的单元格是xx行yy列

检测

图 11-10　当日良品数汇总

至此，一张产线统计表就设计完毕，在画面中用报表视图组态以上设计好的报表，在运行系统中，通过变量传输过来的良品数和 NG 数，即可实现产品实时统计功能。

4. 仿真调试

（1）拖曳报表视图控件到画面_1。

（2）在报表常规属性报表列表中，选择报表_1，单击"设置"按钮，报表_1 填充报表视图控件。

（3）双击当日良品数变量组，依次设置 LW550～LW559 的初始值为 50～41。

（4）双击当日 NG 数变量组，依次设置 LW500～LW509 的初始值为 0～9。

（5）拖曳一个文本按钮控件到画面_1，设置文本按钮 OFF 状态显示"数据更新"。

（6）设置按钮的单击事件，如图 11-11 所示，给当日良品数 LW550～LW559、当日 NG 数 LW500～LW509 使用随机函数赋值。

图 11-11　设置按钮的单击事件

项目十一

（7）单击执行"编译"菜单下的"启动离线模拟器"子菜单命令，启动触摸屏仿真调试，观察初始的报表显示结果。按下数据更新按钮，观察报表新的显示结果。

 习题 11

（1）如何创建报表？

（2）如何设置报表属性？

（3）如何使用报表做统计？

（4）如何仿真调试报表？

项目十二 触摸屏设置

 学习目标

（1）学习触摸屏基本设置。

（2）学会创建快捷键。

（3）学习使用系统函数。

（4）学会使用调度器。

（5）学会工程备份。

任务 14 触摸屏基本设置

一、基本设置

快捷键功能主要用于用户组态自定义快捷键组合，并绑定指定的系统函数或脚本，进而实现操作控制组态的运行系统。

快捷键编辑界面如图 12-1 所示。

图 12-1　快捷键编辑界面

注意：①快捷键功能只适用于 AP701 设备组态。②如果将同一个按键同时组态用于全局画面和特定的其他画面，则该快捷键优先在特定画面中执行，然后在全局画面执行。

（1）"快捷键"编辑器。在快捷键编辑界面中，通过自定义按键组态函数列表来实现快捷键操作。

系统函数，用户可在工作区添加自定义的按键功能，可以是单个按键触发，也可以是组合按键触发。

快捷键编辑器工作区有八个字段，分别为快捷键、画面名称、编号、Shift、Ctrl、Alt、权限、注释。

1）快捷键。可组态键盘上的字母按键及一些常用操作按键，暂不支持数字按键，选择组态快捷键，如图12-2所示。

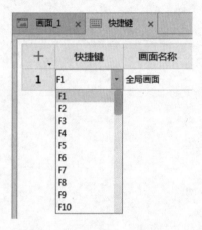

图12-2　选择组态快捷键

2）画面名称。可组态工程全局画面或工程中已创建的画面中的任意画面（模板画面除外），当选择全局画面时，组态的快捷键在所有画面均有效，若是组态的是指定画面，快捷键只有在指定画面操作才能生效。

3）编号。添加快捷键的编号。

4）Shift、Ctrl、Alt。配合组态的快捷键实现组合键功能触发事件，勾选表示快捷键中选中的按键组合。

5）权限。通过设置权限，可指定有权限的用户执行使用快捷键，即用户有权限操作快捷键才生效，否则操作无效。

6）注释。给组态的快捷键添加注释，说明快捷键的功能。

（2）快捷键组态。

例1：按下A+Shift组合键，变量_1的值就会加1。

操作步骤如下：

1）在项目视图中展开"HMI设置"选项，双击"快捷键"子选项，打开快捷键组态编辑区。

2）新增自定义快捷键。单击➕可以新增一个快捷键，此处快捷键中组态按键A，组态按键A如图12-3所示。

图12-3　组态按键A

3）组态生效画面。双击画面名称列，单击下拉列表，用户根据需要使用的快捷键的画面选择画面名称，也可选择未定义，即全局画面，此处组态画面_1。

4）组态组合键。在表格的Shift字段勾选上，即实现A+Shift组合键功能。

5）组态权限。在表格的权限字段，组态管理权限。

6）快捷键组态系统函数。在工作区中，选中刚组态的快捷键，在组态函数区绑定一个变量加1的系统函数。组态系统函数如图12-4所示。

7）编辑注释。定义完快捷键并组态好系统函数后，根据快捷键实现功能编写注释。

（3）"调度器"编辑器。在调度器中，将系统函数与某一作业链接。当事件发生时，就调用所链接的函数。调度器用于自动执行受事件控制的作业。

在项目视图区，展开 HMI 设置，双击"调度器"选项，可打开调度编辑器。"调度器"编辑器界面如图 12-5 所示。

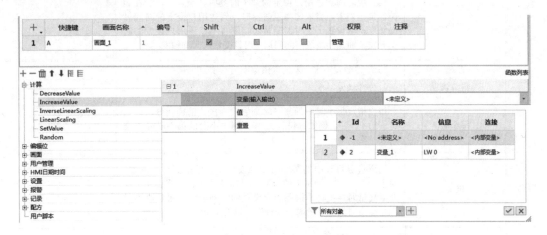

图 12-4　组态系统函数

图 12-5　"调度器"编辑器界面

在调度器编辑界面中，通过为事件组态函数列表来计划作业。可在工作区添加用户需要的作业，所添加的作业在运行系统中全局有效。

工作区显示计划好的作业，用户可在其中组态多个作业；在运行系统中运行时，系统根据作业事件条件来调度执行用户组态的作业。

作业表中显示作业、事件、描述、编号和注释。用户可分配标签和注释并选择事件、使用调度器编写作业的说明、在组态函数区组态要在作业中执行的函数或脚本。

（4）事件。

调度器的事件及描述：事件绑定系统函数，当事件触发时，则会立即执行关联的系统函数。事件动作描述见表 12-1。

表 12-1 事件动作描述

类型	事件动作	描述	约束
时间	一次	当系统时间到达用户设定的某个时刻时，触发一次。在表格的描述列中，当未选择定时器时，到达用户设定的时间就会触发；当设置了定时器变量时，则将不按照用户设置的时间触发，而是当系统时间到达定时器变量的时刻触发	—
	X秒	每 X 秒触发一次，X 的取值范围为 0.1~60	—
	每分钟	每分钟触发一次	—
	每小时	用户指定每小时中的某一时刻触发一次，精确到分，设置范围为 0~59。例如：设置为 10，则每小时的第 10min 都会触发一次	—
	每天	用户指定每天中的某一时刻触发一次，精确到分，例如：设置为 10：22，则每天的 10：22 都会触发一次。当设置了定时器变量时，则将不按照用户设置的时刻触发，而是取得时刻是按定时器变量的时分来触发，每天这个时刻触发一次	—
	每周	用户指定每周中的某一时刻触发一次，精确到分，例如：设置为星期二 10：22，则每周星期二 10：22 都会触发一次	—
	每月	用户指定每月中的某一时刻触发一次，精确到分，例如：设置为 2 日 10：22，则每月 2 日 10：22 都会触发一次	—
	每年	用户指定每年中的某一时刻触发一次，精确到分，例如：设置为 02-02 10：22，则每年的 02-02 10：22 都会触发一次。当设置了定时器变量时，则将不按照用户设置的时刻触发，而是取得时刻是按定时器变量的月日时分来触发，每年这个时刻触发一次	—
事件	切换画面	切换画面时触发一次	一个工程只能组态一次该事件
	切换用户	用户或注销时触发一次	一个工程只能组态一次该事件
	登入	用户登入成功时触发一次	一个工程只能组态一次该事件
	上溢报警缓冲区	报警缓冲区溢出时触发一次报警缓存区是一个指定大小且不进行组态的循环缓存区，报警缓存区大小为 512	一个工程只能组态一次该事件
	启动	运行系统启动时触发一次	一个工程只能组态一次该事件
	进入屏保	进入屏保时触发一次	一个工程只能组态一次该事件

（5）使用作业。

1）在项目视图中展开"HMI 设置"选项，双击"调度器"，打开调度器组态编辑区。

2）新增或删除作业。单击 ➕ 可以新增一个新作业。选择要删除的任务，单击 ➖ 可以删除一个作业。

3）作业组态事件。双击事件列，单击弹出下拉列框，用户根据需要选择事件，共 14 种可选择事件。

4）组态作业描述。创建作业需要组态事件描述。

事件是"每分钟""切换画面""切换用户""上溢报警缓冲区""启动""进入屏保"6 种情况时采用系统默认值。

要在运行时对每日、每年或一次性事件的已组态的启动时间进行动态修改，可选择一个内部变量作为定时器。变量值决定了作业在运行时的启动时间。变量必须为"Date Time"类型。

对于系统事件，每台 HMI 设备上只能组态并执行一个作业。

注释描述，注释列输入对作业的描述。

（6）作业组态系统函数。组态函数是事件发生时触发所链接的函数。

选择一个"作业"，在函数列表中选择一个函数，组态"变量"和"值"。当作业事件发生时会执行组态的函数。

二、工程版本

工程版本功能主要用于用户制作的工程的备份及恢复，制作过程中，最多可以备份 16 个工程。

1. "工程版本"编辑器

在项目视图区，展开 HMI 设置，双击"工程版本"选项，可打开工程版本编辑器。"工程版本"编辑器界面如图 12-6 所示。

图 12-6　"工程版本"编辑器界面

工程版本编辑器表格有 6 个字段，分别为名称、编号、日期时间、备份、恢复、注释。

（1）名称——工程备份的版本。

（2）编号——工程备份的编号。

（3）日期时间——工程备份的时间。

（4）备份——备份按钮，单击备份，则对当前工程进行备份。

（5）恢复——恢复按钮，单击恢复，即可恢复到该工程已备份的版本。

（6）注释——对备份的版本进行说明。

2. 使用工程版本管理

在工程制作过程中，组态好部分独立的功能后，并且修改量比较大时，往往需要保存备份一下工程，然后再继续编辑。在之后的编辑中，可能会出现组态的内容不妥当或需要重新编辑，此时就需要退回后面编辑的内容，操作起来会比较繁琐、费劲，这里工程版本就提供了一个很好的管理方法。

（1）组态好部分独立功能模块时，在项目视图中展开"HMI 设置"，双击"工程版本"，打开工程版本组态编辑区。

（2）新增一个备份/恢复条目，单击➕按钮，新增一个备份/恢复条目。

（3）在备份列中单击备份按钮，即可对当前工程数据进行备份，此时恢复按钮显示为可用。

备份好后，若在后续组态工程过程中发现组态的功能模块有问题，则需要重新编辑。此时，只需在工程版本工作区找到上次创建的备份/恢复条目，在该条目中单击"恢复"按钮，会关闭当前工程，然后重新打开该工程。

3. 工程设置

在项目视图区，展开 HMI 设置，双击"工程设置"选项，可打开工程设置界面。"工程设置"界面如图 12-7 所示。

图 12-7　"工程设置"界面

工程设置分为 HMI 设置、屏幕保护 & 背光设置、报警设置、操作记录设置和其他设置。

（1）HMI 设置。

1）设备类型：可选择组态工程所应用的设备型号。

2）工程密码：提高工程的安全性，可给工程加密，设置后，后台软件打开工程时需要校验密码才可继续编辑。

3）开机画面：可选择运行设备开机启动时所需要显示的图片。注：只有在下载时勾选开机画面才会生效。

4）作者：工程创建和制作者。

5）起始画面：运行系统启动后初始显示的画面。

6）起始语言：运行系统启动后初始显示的语言。

7）起始样式：运行系统启动后初始显示的全局样式，后台软件预定义了 3 种全局样式供用户选择。

8）注释：对当前工程备注描述。

（2）屏幕保护 & 背光设置。

1）进入屏保等待时间：画面无操作时，等待进入屏保的时间，默认 3min。设置为 0 表示取消进入屏保。

2）进入屏保时切换到画面：进入屏保指定跳转到的画面，一般用于屏保时跳转到工程所设置的主页。

3）关闭背光等待时间：画面无操作时，等待关闭背光的时间，默认 5min。设置为 0 表示取消关闭背光。

（3）报警设置。

1）有未确认报警时持续发声：勾选此项时，当有报警发生时，蜂鸣器持续发声提示用户有故障发生，默认不勾选。

2）显示报警窗口：勾选此项时，当有系统报警产生，会弹出系统报警窗口，反之，则不弹出。默认值勾选。

3）手动关闭系统报警窗口：勾选显示系统报警窗口时有效。勾选此项时，当产生系统报警窗口时，需要操作员手动关闭弹出的系统报警窗口。不勾选此项时，以系统报警显示持续时间的长短自动关闭系统报警窗口，默认勾选。

4）系统报警显示持续时间：不勾选手动关闭系统报警窗口时有效。决定系统报警窗口显示时长，到时间自动关闭系统报警窗口，默认为 2s。

（4）操作记录设置。

1）启用操作记录：勾选此项时，运行系统会对操作员的操作进行记录，反之，则不进行记录。

2）循环记录：勾选此项时，当记录到达所设置的记录条数时，会进行循环记录，抹去较早的记录。不勾选此项时，记录达到记录所设定的条数后，停止记录。

3）记录条数：勾选循环记录时有效。决定操作记录总的记录条数。

（5）其他设置。

1）单击时发声：勾选此项时，操作员在运行系统中操作可操作处，蜂鸣器会响一声。反之，则不发声。

2）光标可见：勾选此项时，运行系统会显示光标。反之，则不显示。

3）绘制焦点：勾选此项时，在运行系统上，当控件上有焦点时，会绘制虚线边框焦点。反之，则不绘制。

4）PC HMI 使用软键盘：勾选此项时，启用 HMI 软键盘。

 技能训练

一、训练目标

（1）学会触摸屏快捷键设置。

（2）学会调试快捷键。

二、训练步骤与内容

1. 创建新工程

（1）启动 InoTouchPad 软件。

（2）单击执行"工程"菜单下的"新建"子菜单命令，在新建工程对话框，选择使用的触摸屏设备类型 IT7070E，然后输入"工程名称"，名为"快捷键设置"，并选择工程的保存位置，单击"确定"按钮，创建新工程。

2. 创建快捷键

（1）在项目视图中展开"HMI 设置"选项，双击"快捷键"子选项，打开快捷键组态编辑区。

（2）新增自定义快捷键。单击➕可以新增一个快捷键，此处快捷键中组态按键 A，单击➕可以新增一个快捷键 B。

（3）组态生效画面。双击画面名称列，单击下拉列表，选择画面名称"画面_1"。

（4）组态组合键。在快捷键 A 表格的 Shift 字段，勾选，即实现 A＋Shift 组合键功能。在快捷键 B 表格的 Shift 字段，勾选，即实现 B＋Shift 组合键功能。

（5）组态权限。在快捷键 A 表格的权限字段，组态管理权限。在快捷键 B 表格的权限字段，组态管理权限。

（6）快捷键组态系统函数。在工作区中，选中刚组态的快捷键 A，在组态函数区绑定一个变量加 1 的系统函数（IncreaseValue）。选中刚组态的快捷键 B，在组态函数区绑定一个变量减 1 的系统函数（DecreaseValue）。

3. 仿真调试

（1）拖曳文本控件到画面_1，修改文本为"快捷键设置"。

（2）设置文本字体为"楷体，28"，文本外观颜色为蓝色。

（3）拖曳文本控件到画面_1，修改文本为"LW0 的值"。

（4）在变量编辑器，创建新变量_1，关联内部变量，地址 LW0。

（5）拖曳数字 IO 控件到画面_1，关联变量 LW0。

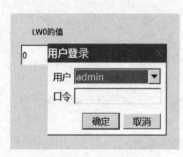

图 12-8　用户登录界面

（6）单击执行"编译"菜单下的"启动离线模拟器"子菜单命令，启动触摸屏仿真调试。

（7）同时按下键盘 A 和 Shift，弹出用户登录界面，用户登录界面如图 12-8 所示。

（8）在口令文本框单击，弹出密码输入键盘，输入默认密码"111111"，单击"Enter"键确认，返回用户登录界面。

（9）单击"确定"按钮，此时用户登录界面消失，同时看到 LW0 的值为"1"。

（10）同时按下键盘 A 和 Shift，LW0 的值加 1，看到 LW0 的值为"2"。

（11）同时按下键盘 B 和 Shift，LW0 的值减 1，看到 LW0 的值为"1"。

习题 12

（1）如何创建快捷键？

（2）如何使用系统函数？

项目十三　触摸屏综合应用

 学习目标

（1）学会使用拖拽功能。

（2）学会表格操作。

（3）学会调试拖拽功能。

（4）学会应用触摸屏和 PLC 进行彩灯控制监控。

（5）学习在触摸屏上设计和应用导航条。

（6）学会应用触摸屏的模板画面和弹出画面。

任务 15　应用触摸屏典型功能

一、拖拽功能

对于用户创建好的工程，打开方式可以有多种，比如双击 ∗.hmiproj 工程文件或者在后台中，通过打开工程找到工程路径的方式打开工程，除了以上的两种打开方式，后台软件还支持将工程文件直接拖拽到后台软件图标中打开工程。

（1）画面拖拽。在组态工程时，用户往往需要利用按钮组态画面系统函数实现画面跳转功能，通常操作步骤如下：

1）添加一个按钮控件到当前画面。

2）然后给按钮重命名，名称为要跳转的画面名。

3）给按钮组态画面跳转系统函数。

经过这三步后，可实现单击按钮跳转到指定画面功能。但是，通过画面拖拽功能，可很便捷地实现以上功能。

直接将需要跳转到的画面拖拽到当前画面，在当前画面直接生成一个按钮，该按钮自动绑定了切换到指定画面的系统函数。画面拖拽如图 13-1 所示。

支持拖拽功能的画面包括普通画面和弹出画面。此外，也可在详细视图中，直接拖拽要跳转的画面到当前画面中，操作步骤如下：

首先，在左侧项目树中，找到画面模块的根节点，单击选中，在详细视图中会罗列出所有已创建的普通画面和弹出画面。然后，在详细视图中，直接将需要跳转到的画面拖拽到当前画面，在当前画面直接生成一个按钮，该按钮自动绑定了切换到指定画面的系统函数。

（2）变量拖拽。在组态工程时，用户往往需要利用 IO 域组态变量实现变量值读写操作功能，通常操作步骤如下：

1）添加一个 IO 域到当前画面。

2）然后在 IO 域的属性栏中，选择指定的过程变量。

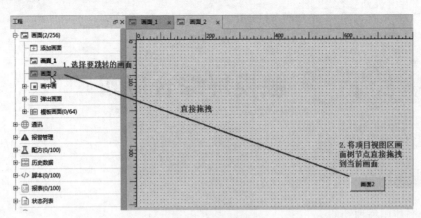

图 13-1　画面拖拽

经过这两步后，可实现 IO 域读写指定工程变量功能。但是，通过变量拖拽功能，可很便捷地实现以上功能，变量拖拽如图 13-2 所示。

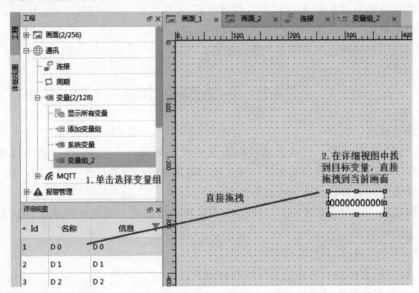

图 13-2　变量拖拽

除数组变量外，其他变量都支持拖拽功能。

（3）配方拖拽。在组态工程时，用配方视图显示一个配方的通常操作步骤如下：

1）在画面添加一个配方视图。

2）在配方视图的属性栏中，找到配方名，选择要显示的配方。

经过这两步后，可实现配方视图显示指定的配方功能。但是，通过配方拖拽功能，可很便捷地实现以上功能。

此外，也可在详细视图中，直接拖拽要显示的配方到画面中，操作步骤如下：

首先，在左侧项目树中，找到配方模块的根节点，单击选中，在详细视图中会罗列出所有已创建的配方。然后，在详细视图中，直接将需要显示的配方拖到画面中，在画面直接生成显示该配方的配方视图。

（4）报表拖拽。在组态工程时，用报表视图显示一个报表通常操作步骤如下：

1）在画面添加一个报表视图。

2）在报表视图的属性栏中，找到报表列表，选择要显示的报表。

经过这两步后，可实现报表视图显示指定报表功能。但是，通过报表拖拽功能，可很便捷地实现以上功能。

此外，也可在详细视图中，直接拖拽要显示的报表到画面中，操作步骤如下：

首先，在左侧项目树中，找到报表模块的根节点，单击选中，在详细视图中会罗列出所有已创建的报表。然后，在详细视图中，直接将需要显示的报表拖到画面中，在画面直接生成显示该报表的报表视图。

（5）控件拖拽。在组态工程时，添加一个控件通常是选中一个控件，然后再单击一下画面，把空间添加到指定画面指定位置。除了单击添加控件外，这里还提供了另一种控件添加方式，即控件拖拽，如图 13-3 所示。

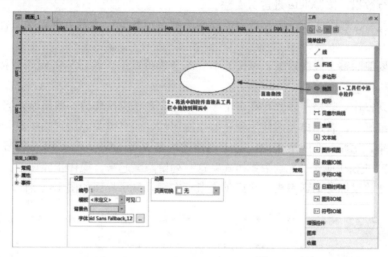

图 13-3　控件拖拽

控件拖拽功能适用于所有控件，包括简单控件、增强控件以及收藏控件。

（6）图片拖拽。在图库中，可选择任意一张图片直接拖拽到画面中，即可在画面中添加一个组态了该图片的图形视图控件。

此外，在图形列表的列表条目中，也可直接将图片拖拽到列表条目中，进行图片添加。

（7）历史记录拖拽。在组态工程时，用数据视图显示一个数据记录的通常操作步骤如下：

1）在画面添加一个数据视图。

2）在数据视图的属性栏中，找到数据记录，选择要显示的数据记录。

经过这两步后，可实现数据视图显示指定的数据记录功能。但是，在详细视图中，通过数据记录拖拽功能，可很便捷地实现以上功能。操作步骤如下：

首先在画面编辑的条件下，在左侧项目树中找到"历史记录"下的"数据记录"，单击选中，此时详细视图中会罗列出所有已创建的数据记录。然后，在详细视图中，直接将需要显示的数据记录拖到画面中，在画面直接生成显示该数据记录的数据视图。

组态报警视图显示指定的报警记录，也支持快捷拖拽生成，其操作方式方法与数据记录一致。

二、表格操作

InoTouchPad 组态软件大部分模块都以表格作为编辑工作区，如连接、变量、报警等。表格的一些常用操作包括新建、删除、隐藏、列排序。

（1）新建操作。对于可新增行的表格，如变量组中的表格，单击表格的左上角的添加图标 ，即可新增数据。

单击添加＋号图标右下角的下拉列表小图标 ▾ ，可以看见单击一次添加的行数，批量新建有1、2、5、10、20等选择，默认是新增一行。

若用户需要一次添加多行，可勾选批量新建2个、批量新建5个、批量新建10个、批量新建20个，选好后，单击图标＋，即可一次添加用户指定行的数据。

（2）删除操作。用户在编辑表格时，若发现创建的数据不想要了，可选中不需要的数据进行删除。

删除表格数据，首先需要选中要删除的指定行，而不是选中行中的某个单元格。然后，会发现表格左上角的添加图标＋变成了删除图标 － ，然后单击删除图标即可删除该行数据。此外，也可通过选中行数据，按Delete键进行删除。

若用户需要一次删除多行，则可选中需要删除的多行数据，然后单击删除图标或Delete键，即可删除数据。

若用户需要删除整个表格数据，可按Ctrl＋A全选行数据，然后单击删除图标或Delete键，即可删除数据。

（3）隐藏列操作。表格一般都存在多个字段，对应着相应模块的一些属性，当然，其中的部分属性是可选编辑的，若用户无需使用到这些字段属性，而只需关心用到的字段，可将未用到的字段列隐藏起来，比如：在变量表中，对于创建的内部变量LW0，没有用到数据记录，那么可将"数据记录""记录周期""记录采集模式"这三列给隐藏起来。操作步骤如下：

首先，需要将鼠标移动到表头，然后单击鼠标右键，显示界面如图13-4所示。

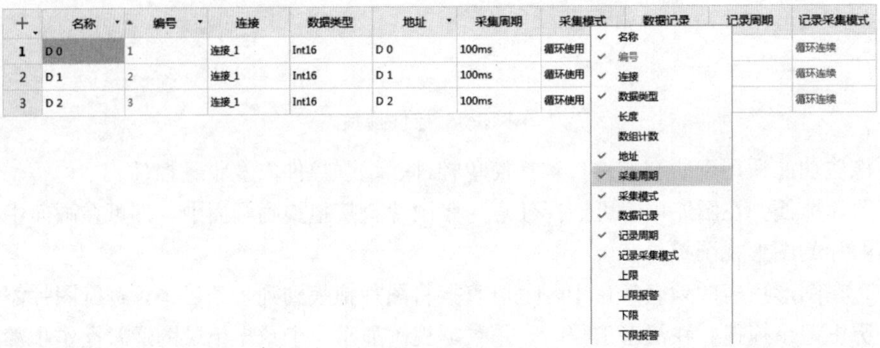

图13-4 显示界面

此时，会发现"数据记录""记录周期""记录采集模式"这三列都是勾选上的，用户只需将列前的勾选去掉，即可隐藏该列，隐藏后显示如图13-5所示。

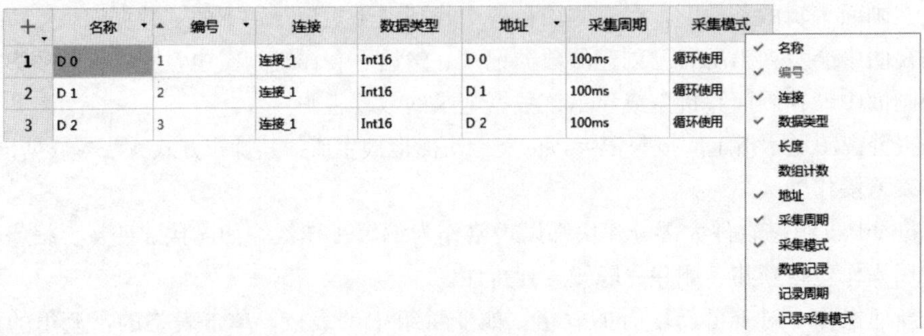

图13-5 隐藏后显示

（4）列排序操作。对于可进行排序的字段，单击列表头时，表头最左侧会出现一个排序的小图标▲，比如：在变量表中，单击编号列表头，左侧的排序图标出现。然后单击排序图标，即会按照当前列数据对整个表格进行排序。

（5）列宽调整操作。对于可调整列宽操作的表格，都可通过用鼠标在列与列的交界处进行左右拖动，调整大小，调列宽如图 13-6 所示。

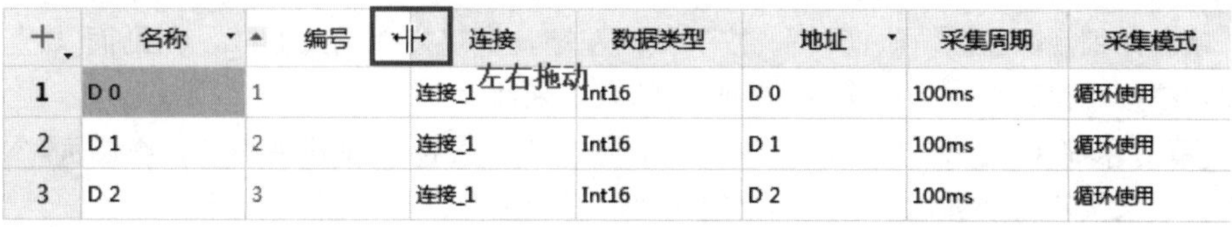

＋	名称	编号	连接	数据类型	地址	采集周期	采集模式
1	D 0	1	连接_1	Int16	D 0	100ms	循环使用
2	D 1	2	连接_1	Int16	D 1	100ms	循环使用
3	D 2	3	连接_1	Int16	D 2	100ms	循环使用

图 13-6 调列宽

三、导入、导出功能

导出功能主要是方便用户将工程数据导出到外部进行查看和编辑修改。导入功能主要用于对修改后的导出数据进行导入，然后在工程中应用这些数据。

（1）适用对象。变量、文本列表（包括文本列表、列表条目）、报警（包括模拟量报警、离散量报警）、资源（国际化）以及配方（配方的数据记录）。

（2）规则。对于变量、文本列表、配方这三个模块，有相同标识名称时，覆盖行内容，没有相同标识名称时，增加行内容。对于报警模块，由于报警名称允许相同，所以导入时只进行增添。

当模块超过列表所能容纳的最大行数时，超过的部分会被舍弃掉（变量列表最大容纳 32767 行，文本列表、列表条目最大容纳 256 行，模拟量报警、离散量报警最大容纳 2000 行）。

若字段出现非法状态，导入时直过接滤掉该行，系统提示丢弃相关内容和错误字段。

对于资源模块的国际化，导入/导出时只进行文本内容的更新（即"被引用"列存在的项才进行更新，导入不存在的项，直接过滤掉该行数据，后台提示抛弃内容）。

 技能训练

一、训练目标

（1）学会使用触摸屏典型功能。

（2）学会调试触摸屏拖拽功能。

二、训练步骤与内容

1. 创建新工程

（1）启动 InoTouchPad 软件。

（2）单击执行"工程"菜单下的"新建"子菜单命令，在新建工程对话框，选择使用的触摸屏设备类型 IT7070E，然后输入"工程名称"，名为"拖拽应用"，并选择工程的保存位置，单击"确定"按钮，创建新工程。

2. 使用画面拖拽功能

（1）双击项目视图区的"添加画面"选项，添加一个新画面"画面_2"。

（2）双击项目视图区的"添加画面"选项，再添加一个新画面"画面_3"。

（3）单击项目视图区的"画面"选项，详细视图区出现 3 个画面。

（4）拖拽一个文本域控件到画面_1，修改文本常规属性为"画面 1"。

（5）拖拽一个文本域控件到画面_2，修改文本常规属性为"画面2"。

（6）拖拽一个文本域控件到画面_3，修改文本常规属性为"画面3"。

（7）单击详细视图区的"画面_2"，按下鼠标左键，直接拖拽到画面_1，在画面_1直接生成一个按钮，该按钮自动绑定了切换到指定画面2的系统函数。

（8）单击详细视图区的"画面_3"，按下鼠标左键，直接拖拽到画面_1，在画面_1直接生成一个按钮，该按钮自动绑定了切换到指定画面3的系统函数。

（9）单击详细视图区的"画面_1"，按下鼠标左键，直接拖拽到画面_2，在画面_2直接生成一个按钮，该按钮自动绑定了切换到指定画面的系统函数。

（10）单击详细视图区的"画面_1"，按下鼠标左键，直接拖拽到画面_3，在画面_3直接生成一个按钮，该按钮自动绑定了切换到指定画面的系统函数。

3. 使用变量拖拽功能

（1）新建一个连接1，使用"H5U Qlink TCP"协议。

（2）在变量组_2，新建3个变量，即D0、D1、D2。

（3）单击项目视图区的变量组_2，详细视图区展现3个变量D0、D1、D2。

（4）拖拽详细视图区的变量D1到画面_1。

（5）拖拽一个文本域控件到画面_1的D1左边，修改文本常规属性为"D1"；属性"外观"的"填充颜色"为红色。

4. 仿真调试

（1）单击"编译"菜单下的"启动离线模拟器"，启动触摸屏仿真。

（2）单击画面_1上的"画面_2"按钮，触摸屏主画面跳转到画面_2。

（3）单击画面_2上的"画面_1"按钮，触摸屏主画面跳转到画面_1。

（4）单击画面_1上的"画面_3"按钮，触摸屏主画面跳转到画面_3。

（5）单击画面_3上的"画面_1"按钮，触摸屏主画面跳转到画面_1。

（6）单击"HMISimulator"，打开仿真器，在第一行变量列，单击下拉列表选择变量D1。

（7）在HMI仿真的设置数值栏，输入10，如图13-7所示。

（8）单击HMI仿真的开始列的复选框，观察触摸屏IO输入域数值的变化。

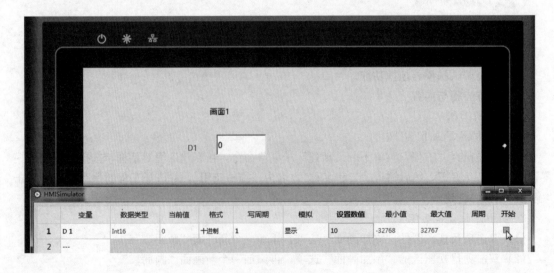

图 13-7　输入 10

任务16 触摸屏PLC彩灯控制

一、综合利用触摸屏监控PLC彩灯运行

1. 彩灯控制的控制要求

彩灯控制的控制要求如下：

（1）按下启动按钮，系统启动运行。

（2）彩灯共有两种控制方式，通过选择开关进行选择。

1）如果选择方式A，选择开关为OFF，十六盏彩灯从右向左以间隔1s的速度逐个点亮1s，如此循环。

2）如果选择方式B，选择开关为ON，十六盏彩灯从左向右以间隔1s的速度逐个点亮1s，如此循环。

（3）按下停止按钮，系统停止工作。

（4）通过触摸屏监控彩灯的运行。

2. 控制要求分析

由控制要求可知该彩灯控制有两种控制方式，方式A数据从右向左循环移动。方式B数据从左向右循环移动。我们可以采用PLC循环移位指令实现以上控制要求。

3. 触摸屏监控彩灯控制运行

（1）创建触摸屏监控彩灯控制工程。创建新工程，使用触摸屏IT7070E，新工程命名为"彩灯控制"。

（2）创建新的连接。双击项目视图区的"连接"，打开连接编辑器，新建一个连接_1，通信协议选择"H5U Qlink TCP"。

（3）创建新变量。打开变量编辑器，新建彩灯控制变量，见表13-1。

表13-1　　　　　　　　　　　　　　新建彩灯控制变量

名称	连接	数据类型	地址	采集周期
Y20	连接_1	Bool	Y 20	100ms
Y 21	连接_1	Bool	Y 21	100ms
Y 22	连接_1	Bool	Y 22	100ms
Y 23	连接_1	Bool	Y 23	100ms
Y 24	连接_1	Bool	Y 24	100ms
Y 25	连接_1	Bool	Y 25	100ms
Y 26	连接_1	Bool	Y 26	100ms
Y 27	连接_1	Bool	Y 27	100ms
Y 30	连接_1	Bool	Y 30	100ms
Y 31	连接_1	Bool	Y 31	100ms
Y 32	连接_1	Bool	Y 32	100ms
Y 33	连接_1	Bool	Y 33	100ms
Y 34	连接_1	Bool	Y 34	100ms
Y 35	连接_1	Bool	Y 35	100ms
Y 36	连接_1	Bool	Y 36	100ms
Y 37	连接_1	Bool	Y 37	100ms

续表

名称	连接	数据类型	地址	采集周期
M0	连接_1	Bool	M 0	100ms
M 1	连接_1	Bool	M 1	100ms
M 2	连接_1	Bool	M 2	100ms
M 3	连接_1	Bool	M 3	100ms

（4）监控画面设计。

1）拖拽一个椭圆控件到画面_1。

2）设置椭圆控件属性"布局"的尺寸，宽度、高度均为50；外观的边框颜色选白色，填充颜色选红色，填充样式选实心填充。

3）设置椭圆控件的动画属性，如图13-8所示。

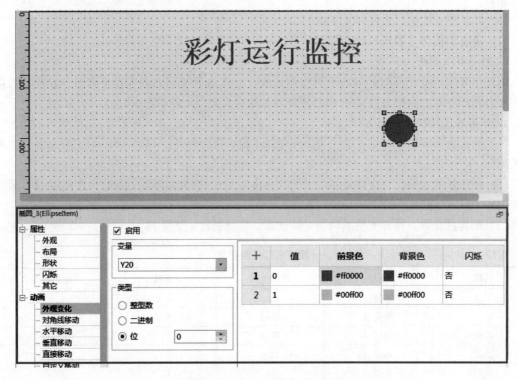

图 13-8　设置椭圆控件的动画属性

4）通过复制、粘贴，再增加17个椭圆控件。

5）拖拽3个按钮到画面_1。

6）修改按钮1常规属性，读变量M1，写模式为"按下为ON"，勾选"读/写变量相同"，属性"状态"，设置0状态时的文本为"START"。

7）修改按钮2常规属性，读变量M2，写模式为"按下为ON"，勾选"读/写变量相同"，属性"状态"，设置0状态时的文本为"STOP"。

8）修改按钮3常规属性，读变量M3，写模式为"取反"，勾选"读/写变量相同"，属性"状态"，设置0状态时的文本为"K"。

9）参考图13-9彩灯运行监控画面，逐个修改椭圆控件关联的读写变量的属性。

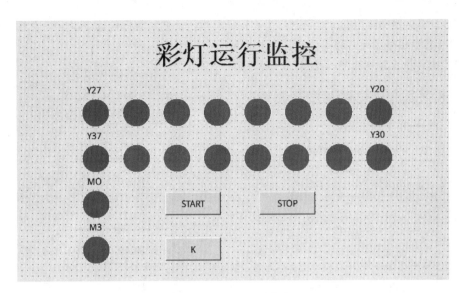

图 13-9　彩灯运行监控画面

二、PLC 彩灯控制程序

1. PLC 彩灯移位控制程序（见图 13-10）

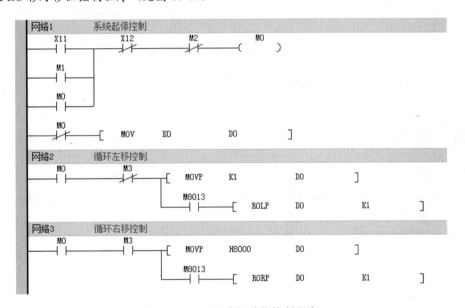

图 13-10　PLC 彩灯移位控制程序

　　在 PLC 彩灯移位控制程序中，增加启动、停止按钮，接入 PLC 的输入端 X11 和 X12。触摸屏的启动、停止辅助继电器 M1、M2 与 PLC 硬件输入按钮同时作用。

　　触摸按下触摸屏的启动按钮 START，或者按下连接在 PLC 的输入端的 X11 启动按钮，M0为 ON，系统启动运行。

　　触摸按下触摸屏的停止按钮 STOP，或者按下连接在 PLC 的输入端的 X12 停止按钮，M0 为OFF，系统停止运行。

　　系统启动后，当 M3 为 OFF 时，彩灯为左移循环运行，初始数据传输 1，在系统秒脉冲作用下，D0 数据每秒循环左移 1 位。

系统启动后，当M3为ON时，彩灯为右移循环运行，初始数据传输 H8000，在系统秒脉冲作用下，D0数据每秒循环右移1位。

2. PLC彩灯输出控制程序（见图13-11）

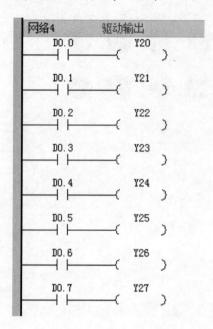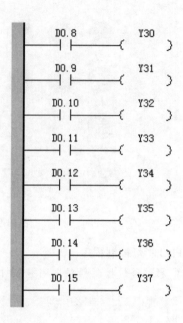

图 13-11　PLC彩灯输出控制程序

由于H5U的PLC没有位组合输出控制，所以采用数字元件D0的位输出，逐个驱动PLC的输出 Y20～Y37。

 技能训练

一、训练目标

（1）能正确设计彩灯控制的触摸屏控制工程。

（2）能正确设计彩灯控制的PLC程序。

（3）能正确输入和传输PLC控制程序。

（4）能独立完成彩灯控制线路的安装。

（5）学会调试触摸屏PLC彩灯控制工程。

（6）按规定进行通电调试，出现故障时，应能根据设计要求进行检修，并使系统正常工作。

二、训练步骤与内容

1. 设计彩灯控制的触摸屏控制工程

（1）新建彩灯控制的触摸屏控制工程。

1）启动 InoTouchPad 软件。

2）单击执行"工程"菜单下的"新建"子菜单命令，在新建工程对话框，选择使用的触摸屏设备类型 IT7070E，然后输入"工程名称"，名为"彩灯控制"，并选择工程的保存位置，单击"确定"按钮，创建新工程。

（2）新建一个与PLC的连接。双击项目视图区的"连接"，打开连接编辑器，新建一个连接_1，通讯协议选择"H5U Qlink TCP"。Qlink TCP的IP地址设置如图13-12所示。

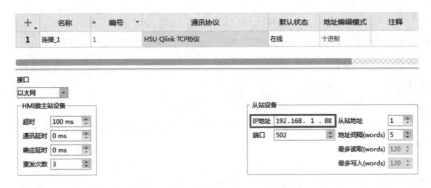

+	名称	▲	编号	▼	通讯协议	默认状态	地址编辑模式	注释
1	连接_1		1		H5U Qlink TCP协议	在线	十进制	

接口

以太网 ▼

HMI做主站设备

超时 100 ms

通讯延时 0 ms

响应延时 0 ms

重发次数 3

从站设备

IP地址 192.168.1.88 从站地址 1

端口 502 地址间隔(words) 5

最多读取(words) 120

最多写入(words) 120

图 13-12　Qlink TCP 的 IP 地址设置

注意：IP 地址设置与连接的 PLC 的 IP 地址（192.168.1.88）保持一致。

（3）新建彩灯控制变量组。参考表 13-1，新建彩灯控制变量组。

（4）创建彩灯控制监控画面。参考图 13-9，创建彩灯控制监控画面。

2. 输入 PLC 程序

（1）启动 AutoShop PLC 编程软件。

（2）新建工程"彩灯控制"。

（3）添加继电器输出模块 GL10-0016ER。

（4）输入图 13-10 的 PLC 彩灯移位控制程序。

（5）输入图 13-11 的 PLC 彩灯输出控制程序。

3. 系统安装与调试

（1）通过以太网缆线连接触摸屏和 PLC。

（2）将 PLC 程序下载到 PLC。

（3）使 PLC 处于运行状态。

（4）按下启动按钮 SB1，观察 PLC 的输出点 Y20～Y37 的状态变化，观察彩灯的状态变化。

（5）按下停止按钮，观察 PLC 的输出点 Y20～Y37 的状态变化，观察彩灯的状态变化。

（6）触摸触摸屏的 START 按钮，观察触摸屏上 Y20～Y37 状态的变化，观察 PLC 的输出点 Y20～Y37 的状态变化，观察彩灯的状态变化。

（7）触摸 STOP 按钮，观察触摸屏上 Y20～Y37 状态的变化，观察 PLC 的输出点 Y20～Y37 的状态变化，观察彩灯的状态变化。

（8）触摸触摸屏的按钮 K，再触摸 START 按钮，观察触摸屏上 Y20～Y37 状态的变化，观察 PLC 的输出点 Y20～Y37 的状态变化，观察彩灯的状态变化。

（9）触摸 STOP 按钮，观察触摸屏上 Y20～Y37 状态的变化，观察 PLC 的输出点 Y20～Y37 的状态变化，观察彩灯的状态变化。

任务 17　触摸屏应用技巧综合训练

一、触摸屏综合应用项目

1. 触摸屏综合控制需求

（1）触摸屏的导航条。

1）触摸屏画面顶部设置有导航条。

2）导航条左侧显示一个公司 LOGO 图标。

3）公司 LOGO 图标右边显示系统初始化状态和系统运行日期、时间。

4）导航条中部设置"产品""功能""方案""关于"导航按钮。

5）导航条右边设置触摸屏应用语言选择按钮。

（2）产品模板。

1）按下导航条产品功能按钮，系统进入产品介绍画面。

2）通过产品模板画面的 3 个按钮，可以在产品介绍、产品家族、产品特点 3 个嵌入式画面之间转换显示。

（3）功能控制展示。

1）按下导航条的功能按钮，系统退出产品模板画面，切换进入功能展示主画面。

2）功能展示主画面设置 9 个功能展示按钮，分别是 VNC、脚本绘图、配方、趋势图、报警界面、中文输入及二维码、3D 饼图、报表视图、仪表控件功能按钮。

3）按下功能展示主画面的某个功能按钮，进入相应功能演示画面，通过功能演示画面的返回按钮，返回功能展示主画面。

4）如按下报表演示功能按钮，进入报表演示画面，通过报表显示数据和报表统计结果，通过右边的更新数据按钮，更新报表数据和报表统计数据。

（4）控制方案展示。

1）按下导航条的"方案"功能按钮，系统退出功能展示，切换进入方案演示主画面。

2）在方案演示主画面右边设置 4 个按钮，分别是过程控制、物料传送、组网方案、过程控制切换按钮。

3）在方案演示主画面左上角，设置运行按钮和手动控制按钮。

4）在方案演示主画面中部，设置系统运行指示灯，设置报警滚动文字显示条。

5）在方案演示主画面左下部分，显示生产线的模拟状况。

（5）语言选择展示。

1）导航条的语言选择按钮下，设置两个选项切换选择。

2）选择简体中文时，触摸屏所有文本、按钮字符等显示为简体中文。

3）选择英文时，触摸屏所有文本、按钮字符等显示为英文。

2．触摸屏综合应用展示

（1）触摸屏初始化画面（见图 13-13）。

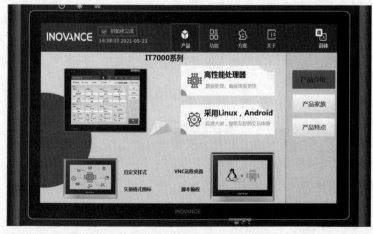

图 13-13　初始化画面

（2）触摸屏产品家族画面（见图13-14）。

图 13-14　产品家族画面

（3）触摸屏产品特点画面（见图13-15）。

图 13-15　产品特点画面

（4）触摸屏功能切换主画面（见图13-16）。

图 13-16　功能切换主画面

（5）触摸屏报表显示画面（见图 13-17）。

图 13-17　报表显示画面

（6）触摸屏脚本绘图画面（见图 13-18）。

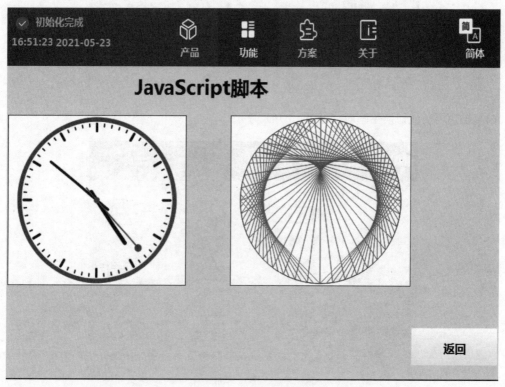

图 13-18　脚本绘图画面

（7）触摸屏配方功能演示画面（见图 13-19）。

图 13-19　配方功能演示画面

（8）触摸屏方案展示画面（见图 13-20）。

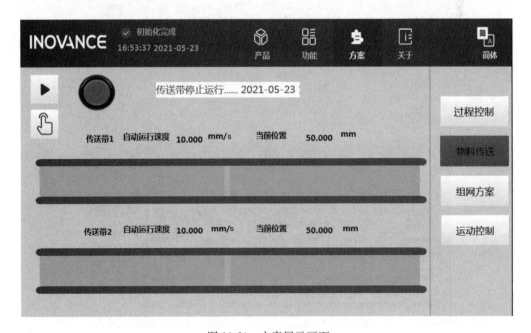

图 13-20　方案展示画面

（9）触摸屏语言切换（见图 13-21）。

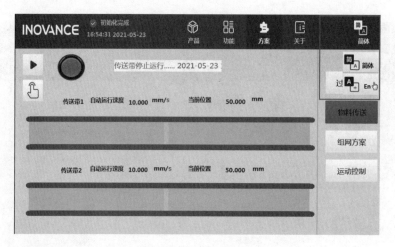

图 13-21　语言切换

（10）触摸屏英文显示画面（见图 13-22）。

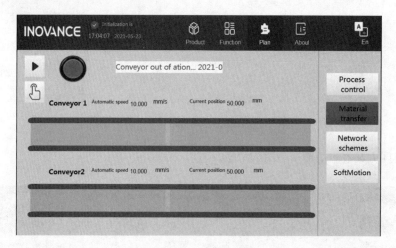

图 13-22　英文显示画面

（11）传送带运行画面（见图 13-23）。

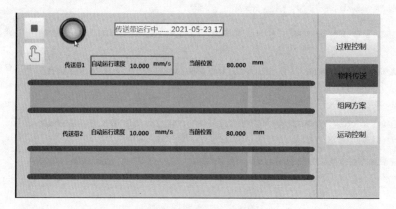

图 13-23　传送带运行画面

二、触摸屏应用技巧

1. 触摸屏导航条

在网络操控中，经常用到导航条，它使我们的操控更便捷，那么在触摸屏的操控中，使用导航条，也将使触摸屏的操控更方便和快捷。

触摸屏导航条如图 13-24 所示。

图 13-24　触摸屏导航条

触摸屏导航条上，可以放置公司的 LOGO 图标，放置初始化完成的状态图标，放置系统运行的日期、时间，放置若干个功能按钮，放置公司简介等。

2. 触摸屏导航条设计

(1) 创建触摸屏导航条模板画面。触摸屏导航条通常用作模板画面，在系统运行的多个画面使用。

1) 在项目视图区，展开模板画面选项。

2) 双击"模板画面"选项下的"添加模板画面"子选项，添加一个新的模板画面——模板_1。

3) 右键单击"模板_1"，在弹出的右键菜单中，选择执行"重命名"子菜单命令，"模板_1"修改为"导航条"。

(2) 添加一个矩形条。

1) 拖拽"矩形"控件到导航条画面，矩形条控件名称是"矩形_1"。

2) 设置"矩形_1"外观属性，边框颜色、填充颜色选蓝色，填充样式选实心填充。

3) 设置"矩形_1"布局属性，位置 x、y 取值 0，宽度为 800，高度为 76。

(3) 添加一个简单图形视图_1。

1) 拖曳"简单图形视图"控件到导航条矩形上，控件名为"简单图形视图_1"。

2) 设置"简单图形视图_1"布局属性，位置 x 取值 15、y 取值 24，宽度为 125，高度为 24。

3) 在常规属性中，设置使用汇川的缺省图标"**INOVANCE**"。用户可以自己设计一个图标，并保存在一个图库文件夹内，以便选用。

(4) 添加一个简单图形视图_2。

1) 拖曳"简单图形视图"控件到导航条矩形上，控件名为"简单图形视图_2"。

2) 设置"简单图形视图_2"布局属性，位置 x 取值 163、y 取值 13，宽度为 17，高度为 16。

3) 在常规属性中，设置使用图标"✓"。

（5）添加一个文本域控件。

1）拖拽"文本域"控件到导航条矩形上，控件名为"文本域_1"。

2）设置"文本域_1"布局属性，位置 x 取值 188、y 取值 9，宽度为 92，高度为 26。

3）设置"文本域_1"外观属性，文本颜色选择灰色。

4）若要调整文字大小，通过设置"文本域_1"文本属性修改，文本域的宽度、高度随之改变。

（6）添加系统运行日期和时间显示控件。

1）拖拽"日期时间域"控件到导航条矩形上，控件名为"日期时间域_1"。

2）在常规属性的格式选项中，勾选日期、时间。

3）设置"日期时间域_1"布局属性，位置 x 取值 152、y 取值 40，宽度为 196，高度为 29。

4）设置"日期时间域_1"外观属性，可以设置文本颜色、背景色和填充方式。

（7）添加一个简单图形视图控件。

1）拖拽"简单图形视图"控件到导航条矩形上，控件名为"简单图形视图_3"。

2）设置"简单图形视图_3"布局属性，位置 x 取值 350、y 取值 0，宽度为 78，高度为 76。

3）在常规属性中，设置一个与按钮相关的图形"▣"

（8）再添加一个简单图形视图控件。

1）拖拽"简单图形视图"控件到导航条矩形上，控件名为"简单图形视图_3_2"。

2）设置"简单图形视图_3_2"布局属性，位置 x 取值 350、y 取值 0，宽度为 78，高度为 76。

3）在常规属性中，设置一个与按钮相关的图形"▣"。

（9）添加一个按钮控件。

1）拖拽"按钮"控件到导航条上，控件名为"按钮_2"。

2）设置"按钮_2"外观属性，可以设置文本颜色、背景色，填充方式修改为第一个虚线框。

3）设置"按钮_2"布局属性，位置 x 取值 350、y 取值 0，宽度为 78，高度为 76。

4）设置"事件"的"单击"属性，按钮单击事件如图 13-25 所示。

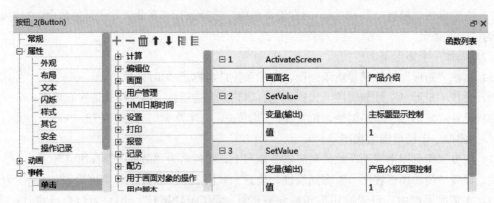

图 13-25　按钮单击事件

a. 设置"按钮"的"单击"时的操作内容，需要激活的模板画面，使用系统函数 ActivateScreen。

b. 设置变量输出值，使用系统函数 SetValue，指定变量输出值。

c. 需要设置多个变量输出值，可以多次使用系统函数 SetValue。

3. 触摸屏模板画面应用

在导航条操作某项功能时，该功能下有多个子选项，此时可以设置一个模板画面，在这个模板画面下，设计多个显示画面，嵌入模板画面显示。

例如单击导航条的"产品"功能按键时，弹出产品模板画面，右侧显示多个供选择的按钮，产品介绍、产品家族、产品特点等。初始弹出"产品介绍"画面，嵌入在产品模板画面中。

4. 产品模板画面设计及应用

（1）创建产品模板画面。

1）在项目视图区，展开模板画面选项。

2）双击"模板画面"选项下的"添加模板画面"子选项，添加一个新的模板画面——模板_2。

3）右键单击"模板_2"，在弹出的右键菜单中，选择执行"重命名"子菜单命令，"模板_2"修改为"产品介绍模板"。

（2）添加 3 个按钮。

1）拖拽 3 个按钮产品介绍模板。

2）分别设置 3 个按钮属性，设置按钮属性如图 13-26 所示。

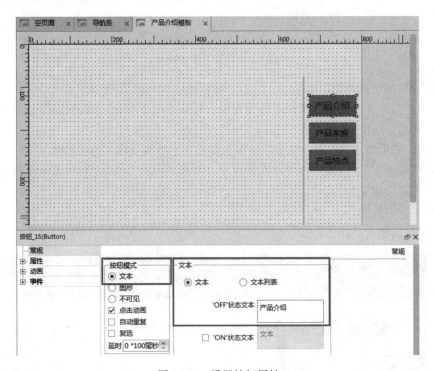

图 13-26　设置按钮属性

3）选择按钮模式为"文本"，勾选单击动画选项，使按钮触摸式，有动画显示。

4）设置按钮_15 的 OFF 状态时显示的文本内容为"产品介绍"。

5）设置按钮_16 的 OFF 状态时显示的文本内容为"产品家族"。

6）设置按钮_17 的 OFF 状态时显示的文本内容为"产品特点"。

7）单击按钮_15 事件设置，使用系统函数 ActivateScreen 激活"产品介绍"画面；设置变量输出值，使用系统函数 SetValue，指定变量"产品介绍页面控制"输出值为 1。

8）单击按钮_16 事件设置，使用系统函数 ActivateScreen 激活"产品家族"画面；设置变量输出值，使用系统函数 SetValue，指定变量"产品介绍页面控制"输出值为 2。

9）单击按钮_17事件设置，使用系统函数 ActivateScreen 激活"产品特点"画面；设置变量输出值，使用系统函数 SetValue，指定变量"产品介绍页面控制"输出值为3。

（3）添加3个画面。

1）在项目视图区，右键单击"画面"选项，在弹出的菜单中选择执行"添加文件夹"命令，在画面选项下，添加一个文件夹"文件夹_3"。

2）打开文件夹_3，双击"添加画面"选项，在文件夹_3内添加一个画面，修改画面名称为"产品介绍"。

3）在"产品介绍"画面的常规属性设置中，勾选"模板可见"，同时在模板列表中，勾选"导航条""产品介绍模板"；勾选模板画面如图 13-27 所示。

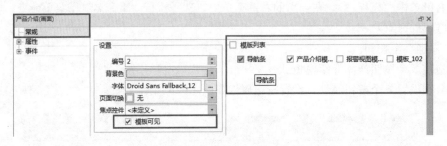

图 13-27　勾选模板画面

4）再次双击"添加画面"选项，在文件夹_3内添加一个画面，修改画面名称为"产品家族"。

5）在"产品家族"画面的常规属性设置中，勾选"模板可见"，同时在模板列表中，勾选"导航条""产品介绍模板"。

6）双击"添加画面"选项，在文件夹_3内添加一个画面，修改画面名称为"产品特点"。

7）在"产品特点"画面的常规属性设置中，勾选"模板可见"，同时在模板列表中，勾选"导航条""产品介绍模板"。

（4）产品画面设计。

1）产品介绍画面设计（见图 13-28）。

图 13-28　产品介绍画面设计

2）产品家族画面设计（见图 13-29）。

图 13-29 产品家族画面设计

平台	尺寸	分辨率	型号	备注
ARM 嵌入式Linux	15寸	1024*768	IT7150E	E-网络
	7寸	800*480	ITP60E	示教器+E+网络
			IT7070TS	经济型
			IT7070T	标准型
			IT7070E	E-网络
	10寸	1024*768	IT7100S	经济型
			IT7100E	E-网络
			AP701	显控一体
X86 桌面式Linux	15寸	1024*768		

3）产品特点画面设计（见图 13-30）。

图 13-30 产品特点画面设计

5. 功能展示画面设计

（1）功能控制主画面（见图 13-31）。

在功能控制主画面上可以设置多个功能展示按钮，具体数量根据需要而定。

配合功能展示，可以设计一个文件夹，功能展示画面文件夹，如图 13-32 所示，将配合图 13-31 功能展示的所有功能展示画面放入其中。功能特色主页面就是按下导航条"功能"键后跳转的主画面。其他的画面是按下某个功能展示键后将跳转的对应功能展示画面。

项目十三

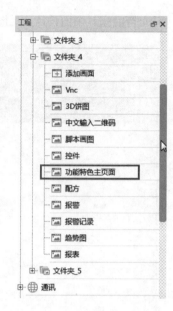

图 13-31　功能控制主画面 13-32　功能展示画面文件夹

（2）创建两个数组。

1）创建当日良品数组。在当日良品数组新建 10 个内部变量 LW550～LW559，设置变量 LW550～LW559 属性的限制，上限值为 99，下限值为 10。

2）创建当日 NG 数组。在当日 NG 数组新建 10 个内部变量 LW500～LW509，设置变量 LW500～LW509 属性的限制，上限值为 10，下限值为 0。

（3）报表画面设计（见图 13-33）。

图 13-33　报表画面设计

在报表画面设计中，拖曳一个报表视图控件到报表画面。在项目视图区报表选项下，新建一个报表，设置报表为 5 列 13 行，按图 13-33 报表设置各个栏目的信息。

为了在报表中显示数据信息，在相应的各栏目中，关联变量。在当日良品数列下各时间短关联变量 LW550～LW559，在此列的汇总栏，采用求和计算当日良品数；在当日 NG 数列，各时间段分别关联变量 LW500～LW509，在此列的汇总栏，采用求和计算当日 NG 数；当日总产量栏下列各时间段分别进行简单计算，第 3 行第 4 列计算 R3C2＋R3C3，第 n 行第 4 列计算 RnC2＋RnC3；在当日合格率栏下列各时间段分别进行简单合格率计算，第 3 行第 4 列计算 R3C2/R3C4，第 n 行第 4 列计算 RnC2/RnC4。

更新报表数据按钮的单击事件，使用系统随机函数给 LW550～LW559 和 LW500～LW509 随机赋值一次，事件单击赋值如图 13-34 所示。

图 13-34　事件单击赋值

最后，在报表控件的常规属性的报表列表中，选择"报表_1"，设置报表控件与报表_1 关联。

（4）脚本绘图画面设计（见图 13-35）。

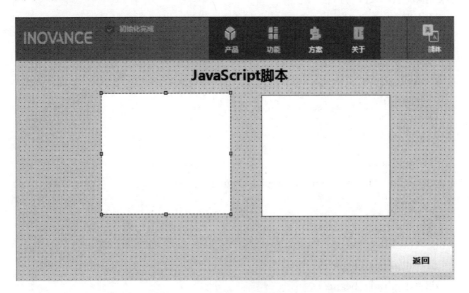

图 13-35　脚本绘图画面设计

在脚本绘图画面，首先添加两个画布，画布_1和画布_2。

在项目视图区的脚本选项下，双击"添加脚本"2次，添加脚本 Scrip_1 和 Scrip_2。

Scrip_1 内编辑绘制时钟程序。

Scrip_2 内编辑绘制心形图程序。

程序清单如下：

```
var canvas＝ScreenItem（"脚本画图"，"画布_2"）;
var ctx＝canvas. draw2d（）;
var sleep＝0;
var count＝0;
var rx＝10;
var ry＝10;
var radius＝10;
function deg2rad（x）
{
    return x ＊ Math. PI/180;
}
function drawCircle（x，y，r）
{
    ctx. beginPath（）;
    ctx. arc（x，y，r，0，Math. PI＊2，true）;
    ctx. stroke（）;
}
function drawLine（x1，y1，x2，y2）
{
    ctx. beginPath（）;
    ctx. moveTo（x1，y1）;
    ctx. lineTo（x2，y2）;
    ctx. stroke（）;
    if（count＋＋＝＝82）{
        count＝0;
        sleep＝0;
    }
}
this. line＝drawLine;
function drawSide（begin1，end1，step1，begin2，step2）
{
    var d1，d2，x1，y1，x2，y2;
    while（begin1！＝end1＋step1）{
        d1＝deg2rad（begin1）;
        d2＝deg2rad（begin2）;
        x1＝rx＋radius＊Math. cos（d1）;
```

```
          y1＝ry－radius＊Math.sin（d1）;
          x2＝rx＋radius＊Math.cos（d2）;
          y2＝ry－radius＊Math.sin（d2）;
          SetTimeout（'line（'＋x1＋'，'＋y1＋'，'＋x2＋'，'＋y2＋'）'，sleep＊100）;
          sleep＋＋;
          begin1＋＝step1;
          begin2＋＝step2;
          }
    }
    function drawHeart（）{
        var canvas＝ScreenItem（"脚本画图"，"画布_2"）;
        if（canvas.draw2d）
    {
          ctx＝canvas.draw2d（）;
          var w＝ctx.width（）;
          var h＝ctx.height（）;
          ctx.clearRect（0，0，w，h）;
          rx＝w／2;
          ry＝h／2;
          radius＝（（rx＞ry）? ry ： rx）－4;
          ctx.strokeStyle＝"black";
          drawCircle（rx，ry，radius）;
          ctx.strokeStyle＝"red";
          drawSide（－90，0，4.5，0，4.5）;
          drawSide（－90，－180，－4.5，－180，－4.5）;
          drawSide（0，180，4.5，90，9）;
          }
    }
    drawHeart（）;
```

在画布_1内加载绘制时钟的脚本程序；在画布_1内加载绘制心形图的脚本程序。

6. "方案"展示画面设计

（1）模板_102设计。

1）在项目视图区，展开模板画面选项。

2）双击"模板画面"选项下的"添加模板画面"子选项，添加一个新的模板画面——模板_3。

3）右键单击"模板_3"，在弹出的右键菜单中，选择执行"重命名"子菜单命令，"模板_3"修改为"模板_102"。

4）在模板_102添加4个按钮，如图13-36所示。

4个按钮分别用于切换到过程控制画面、物料传送画面、组网方案画面、运动控制画面。

（2）传送带画面（见图13-37）。

按下导航条的方案控制按钮，自动跳转到传送带运行画面。

图 13-36　在模板_102 添加 4 个按钮

图 13-37　传送带画面

传送带画面启用了导航条模板、模板_102。

传送带画面安排了一个手动控制按钮，按下它，弹出手动控制画面，上面设置 4 个按钮，分别控制两条传送带的左右运行。

传送带画面安排了一个自动控制按钮，按下它，运行指示灯亮，显示绿色，两条传送带自动运行，运行速度、位置自动显示。

（3）过程控制画面（见图 13-38）。

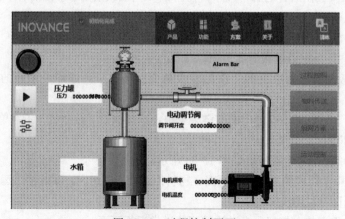

图 13-38　过程控制画面

按下模板_102 的"过程控制"按钮，自动跳转到过程控制画面。

过程控制画面启用了导航条模板、模板_102 模板。

过程控制画面安排了一个自动控制按钮，按下它，过程控制运行指示灯亮，显示绿色，水箱、压力罐、电动调节阀、电机自动运行，水位、压力、开度、电机频率和电机温度等运行参数自动显示。

过程控制画面安排了一个 PID 调节按钮，按下它，弹出 PID 调节画面。

过程控制画面安排了一个报警滚动条显示。

（4）组网方案画面（见图 13-39）。

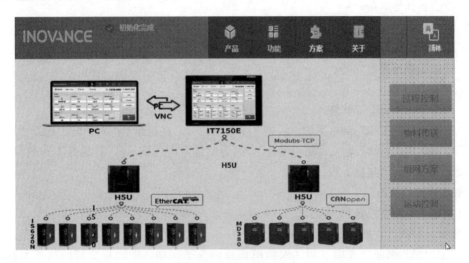

图 13-39　组网方案画面

按下模板_102 的"组网方案"按钮，自动跳转到组网方案画面。

组网方案画面启用了导航条模板、模板_102 模板。

组网方案画面介绍汇川触摸屏与 PLC 等进行组网的方法。

（5）运动控制画面（见图 13-40）。

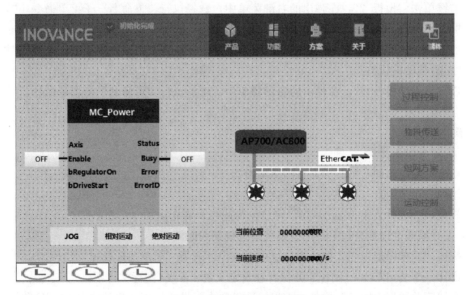

图 13-40　运动控制画面

项目十三

181

按下模板_102的"运动控制"按钮，自动跳转到运动控制画面。

运动控制画面启用了导航条模板、模板_102模板。

在运动控制中，首先启用MC-Power指令模块，然后才可以使用JOG、相对运动、绝对运动弹出画面。

 技能训练

一、训练目标

(1) 学会制作导航条。

(2) 学会使用模板画面功能。

(3) 学会调试模板画面工程。

二、训练步骤与内容

1. 创建新工程

(1) 启动InoTouchPad软件。

(2) 单击执行"工程"菜单下的"新建"子菜单命令，在新建工程对话框，选择使用的触摸屏设备类型IT7070E，然后输入"工程名称"，名为"综合应用演示"，并选择工程的保存位置，单击"确定"按钮，创建新工程。

2. 创建新模板画面

(1) 创建4个新模板画面。

1) 在项目视图区，展开模板画面选项。

2) 双击"模板画面"选项下的"添加模板画面"子选项，添加一个新的模板画面——模板_1。

3) 使用同样的方法，再新建3个新模板画面，分别是模板_2、模板_3、模板_4。

(2) 重命名模板画面。

1) 右键单击"模板_1"，在弹出的右键菜单中，选择执行"重命名"子菜单命令，"模板_1"修改为"导航条"；

2) 右键单击"模板_2"，在弹出的右键菜单中，选择执行"重命名"子菜单命令，"模板_2"修改为"产品介绍模板"；

3) 右键单击"模板_3"，在弹出的右键菜单中，选择执行"重命名"子菜单命令，"模板_3"修改为"报警视图模板"；

4) 右键单击"模板_4"，在弹出的右键菜单中，选择执行"重命名"子菜单命令，"模板_4"修改为"模板_102"。

3. 设计导航条

(1) 创建导航条背景。

1) 双击导航条画面，打开导航条画面编辑器。

2) 添加一个"矩形"控件。

3) 设置矩形控件大小为800×76，背景色为蓝色，填充样式为实心填充。

(2) 在导航条上增加公司LOGO、系统运行日期和时间。

1) 拖拽"简单图形视图"控件到导航条上，控件名为"简单图形视图_1"。

2) 设计一个公司LOGO图标，并保存在自定义的Images图标文件下。

3) 在"简单图形视图_1"控件的常规属性设置中，设置使用新建的公司LOGO图标文件。

4）拖拽"日期时间域"控件到导航条上。

5）在"日期时间域"的常规属性的格式选择中，勾选日期、时间复选框。

6）在"日期时间域"的常规属性的过程选择中，单选显示系统时间。

（3）新建导航按钮。

1）拖拽"按钮"控件到导航条，新建 3 个导航按钮。

2）设置按钮常规属性的按钮模式为"图形"，并勾选"点击动画"。

3）设置按钮布局属性的尺寸宽度 x 为 78，高度 y 为 76。

4）为 3 个按钮添加简单图形视图，并选择与其功能匹配的合适图片。

4. 其他模板画面设计

（1）产品介绍模板设计。

1）双击模板画面选项下的"产品介绍模板"，打开产品介绍模板编辑器。

2）拖拽"按钮"控件到产品介绍模板，新建 3 个画面跳转按钮，3 个按钮竖直排列于产品介绍模板画面的右侧。

3）按钮模式选择"文本"，按钮 OFF 状态的文本分别设置为产品介绍、产品家族、产品特点。

4）按钮左侧添加一条"竖直线"控件，线宽设置为 3，颜色设置为灰色。

（2）模板_102 设计。

1）双击模板画面选项下的"产品介绍模板"，打开模板_102 画面编辑器。

2）拖拽"按钮"控件到产品介绍模板，新建 4 个画面跳转按钮，4 个按钮竖直排列于模板_102 模板画面的右侧。

3）按钮模式选择"文本"，按钮 OFF 状态的文本分别设置为过程控制、物料传送、组网方案、运动控制。

4）按钮左侧添加一条"竖直线"控件，线宽设置为 3，颜色设置为灰色。

5. 产品相关画面设计

（1）新建文件夹。在项目视图区的画面选项下，新建一个文件夹，默认名称为"文件夹_3"。

（2）新建 4 个画面。

1）打开文件夹_3。

2）通过双击"添加画面"，新建 3 个新画面。

3）3 个新画面分别重命名为产品介绍、产品家族和产品特点。

（3）产品画面设计。

1）按产品介绍要求，设计产品介绍画面，常规属性模块列表中，勾选导航条、产品介绍模板。

2）按产品家族要求，设计产品家族画面，常规属性模块列表中，勾选导航条、产品介绍模板。

3）按产品特点要求，设计产品介绍画面，常规属性模块列表中，勾选导航条、产品介绍模板。

（4）产品介绍模板按钮单击事件设计。

1）打开产品介绍模板画面。

2）单击选择"产品介绍"按钮，单击事件，激活执行系统函数 ActivateScreen，画面名称选择"产品介绍"。

3）单击选择"产品家族"按钮，单击事件，激活执行系统函数 ActivateScreen，画面名称选择"产品家族"。

4）单击选择"产品特点"按钮，单击事件，激活执行系统函数 ActivateScreen，画面名称选择"产品特点"。

6. 功能展示画面设计

（1）新建一个文件夹。在项目视图区的画面选项下，新建一个文件夹，默认名称为"文件夹_4"。

（2）新建3个画面。

1）打开文件夹_4。

2）通过双击"添加画面"，新建3个新画面。

3）3个新画面分别重命名为功能控制主画面、报表画面、脚本绘图画面。

（3）报表画面设计。

1）在项目视图区的报表选项下，添加一个报表，默认名为"报表_1"。

2）按日产量统计报表需求设计报表_1。

3）打开报表画面编辑器，在常规属性模板列表中，勾选导航条模板。

4）在报表画面添加一个报表视图控件，报表视图控件常规属性的报表列表选择"报表_1"，单击"设置"按钮，使报表视图控件与报表_1相关联。

5）在报表画面添加一个按钮控件，单击按钮时，跳转到功能控制主画面。

（4）脚本绘图画面设计。

1）在项目视图区的脚本选项下，添加2个脚本程序。

2）一个用于绘制时钟，另一个用于绘制心形线。

3）打开脚本绘图画面编辑器，在常规属性模板列表中，勾选导航条模板。

4）在脚本绘制画面，添加2个画布控件，即画布_1和画布_2。

5）画布_1加载绘制时钟脚本程序。

6）画布_2加载绘制心形线脚本程序。

7）在脚本绘制画面添加一个按钮控件，单击按钮时，返回到功能控制主画面。

（5）功能控制主画面设计。

1）打开功能控制主画面。

2）在功能控制主画面常规属性设置中，在模板列表中，勾选导航条。

3）在功能控制主画面，增加两个功能按钮。

4）按钮模式单选"图形"，勾选"点击动画"复选框，图标文本选项，选择仅图标。

5）两个按钮的"OFF状态图形"分别选择相应的"脚本绘图"图形和"报表视图"图形。

6）单击"脚本绘图"按钮时，跳转到脚本绘图画面。

7）单击"报表视图"按钮时，跳转到报表视图画面。

7. 仿真调试

（1）启动触摸屏仿真。单击"编译"菜单下的"启动离线模拟器"子菜单命令，启动触摸屏仿真。

（2）导航条操作。

1）观察导航条的系统运行日期、时间显示。

2）按下导航条的"功能"操作按钮，切换到功能展示主画面。

3）按下"报表视图"按钮，切换到报表视图画面，观察报表显示。

4）按下报表视图画面的"返回"按钮，返回功能展示主画面。

5）按下"脚本绘图"按钮，切换到脚本绘图画面，观察脚本绘图过程。

6）按下脚本绘图画面的"返回"按钮，返回功能展示主画面。

7）按下导航条的"产品"操作按钮，切换到产品介绍界面，观察产品介绍。

8）按下产品介绍界面右边的"产品家族"按钮，切换到产品家族界面，观察产品家族介绍。

9）按下产品家族界面右边的"产品特点"按钮，切换到产品特点界面，观察产品特点介绍。

 习题 13

（1）如何使用画面拖拽功能？

（2）如何使用按钮拖拽功能？

（3）如何使用报表拖拽功能？

（4）如何使用配方拖拽功能？

（5）如何设计导航条？

（6）如何设计导航按钮？

（7）如何设计和应用模板画面？

（8）如何设计和应用弹出画面？